本书是国家自然科学基金青年科学基金项目（71202156）、NSFC–浙江两化融合联合基金项目（U1509220）、国家社会科学基金重大项目（15ZDC023）、浙江省自然科学基金项目（LY15G020020）、"管理科学与工程"浙江省高校人文社科重点研究基地项目（ZD04–2016ZB1）部分研究成果。

WULIANWANG

SHANGYE MOSHI

GOUJIAN JIZHI YU JIXIAO YINGXIANG

物联网商业模式

构建机制与绩效影响

胡保亮 / 著

中国财经出版传媒集团

经济科学出版社

Economic Science Press

图书在版编目（CIP）数据

物联网商业模式：构建机制与绩效影响/胡保亮著．
—北京：经济科学出版社，2016.12
ISBN 978 - 7 - 5141 - 7447 - 2

Ⅰ. ①物… Ⅱ. ①胡… Ⅲ. ①互联网络 - 应用 -
商业模式 - 研究 Ⅳ. ①TP393.4

中国版本图书馆 CIP 数据核字（2016）第 268887 号

责任编辑：周国强 程辛宁
责任校对：王苗苗
责任印制：邱 大

物联网商业模式：构建机制与绩效影响

胡保亮 著

经济科学出版社出版、发行 新华书店经销
社址：北京市海淀区阜成路甲 28 号 邮编：100142
总编部电话：010 - 88191217 发行部电话：010 - 88191522
网址：www. esp. com. cn
电子邮件：esp@ esp. com. cn
天猫网店：经济科学出版社旗舰店
网址：http://jjkxcbs. tmall. com
北京中科印刷有限公司印装
710×1000 16 开 11.75 印张 200000 字
2016 年 12 月第 1 版 2016 年 12 月第 1 次印刷
ISBN 978 - 7 - 5141 - 7447 - 2 定价：56.00 元
（图书出现印装问题，本社负责调换。电话：010 - 88191510）
（版权所有 侵权必究 举报电话：010 - 88191586
电子邮箱：dbts@ esp. com. cn）

前　言

　　物联网是战略性信息技术，具有巨大的商业价值。然而，实践中很多企业发现仅仅在物联网技术上投资并未取得预期的收益，甚至失败。而只有那些在应用物联网技术的同时构建有效商业模式的企业才能借其形成竞争优势。可见，获取物联网的商业价值不仅依赖技术因素，而且依赖商业模式。还应看到，物联网作为新一代信息技术，其技术特征、用户行为和产业结构等方面大大不同于以往的信息技术，必将要求构建新的商业模式与之相适应。物联网商业模式描述了企业应用的物联网技术所能提供的价值以及企业如何创造、实现这些价值并产生利润的逻辑，它连接和协同了物联网技术应用和物联网价值创造并为物联网技术投资指明了通往成功的方向。因此，构建有效的物联网商业模式，成为那些打算应用和已经应用物联网的企业必须要面对和解决的重要问题之一。

　　围绕着企业用户的物联网商业模式，本书着重探讨了它的概念构思、构建机制与绩效影响，主要包括9章内容。本书除第1章绪论外，主体内容可以划分为四个部分：第一部分由第2章和第3章构成，为全书研究提供了理论与实证背景和基础；第二部分由第4章至第6章构成，主要探讨了物联网商业模式的概念构思，包括物联网商业模式构成要素、维度结构、形态类型等内容，致力于打开物联网商业模式"黑箱"；第三部分由第7章至第8章构成，从物联网商业模式的开放性分析出发，主要探讨了物联网商业模式的构建机制，包括物联网商业模式构建的路径机制与双元机制等内容；第四部分由第9章构成，主要探讨了物联网商业模式的绩效影响，包括物联网商业模式对企业绩效的直接与间接影响等内容。

本书研究促进了物联网商业模式理论与实践的发展。首先，本书集成物联网的技术能力和物联网的商业价值，揭示出了一个可操作化的物联网商业模式概念构思，即物联网商业模式由基于感知的效率、基于感知的新颖、基于智能的效率与基于智能的新颖四个维度构成，促进了物联网商业模式概念收敛以及为进一步研究物联网商业模式理论机制提供了变量构思及其测量工具。这一构思回答了物联网商业模式是什么的问题，相应地，企业用户可以选择这一构思中的一个或多个维度作为他们物联网商业模式的设计主题。其次，本书整合网络资源、网络流程、网络价值创造理论，探讨双重网络嵌入（网络资源）、价值模块整合（网络流程）、物联网商业模式（网络价值创造）之间的层次关系，发现双重网络嵌入能够通过价值模块整合的中介作用影响物联网商业模式，揭示出了物联网商业模式的构建机制。该构建机制回答了如何构建物联网商业模式的问题，相应地，可以指导企业用户构建物联网商业模式。最后，本书通过探究物联网商业模式、顾客集成与企业绩效之间的传导机制，一方面发现物联网商业模式各个维度对企业绩效的影响效应具有差异性，另一方面发现物联网商业模式各个维度不仅对企业绩效具有直接的影响，而且通过顾客集成的中介作用对企业绩效具有间接的影响，推进了物联网商业模式的绩效影响机制研究。该传导机制回答了如何获取物联网商业模式绩效影响的问题，相应地，可以指导企业用户获取物联网商业模式的绩效影响。

目　录
CONTENTS

第 1 章 绪 论

1.1 研究背景与意义

对于企业用户来说，物联网是新兴的且具有"破坏性"的技术，具有广泛的应用领域和巨大的商业价值，为企业开启了获取竞争优势的新机会窗口。它能够用于并改进企业几乎所有的业务流程，包括产品设计、材料采购、生产制造、运输仓储、产品分销、售后服务以及逆向回收等（Atzori, Iera & Morabito, 2010; Lee & Lee, 2015; Segura Velandia, Kaur, Whittow, Conway & West, 2016; Tajima, 2007），典型地：对于制造商来说，它能用于生产追踪、质量控制、供应和生产的连续性管理；对于分销商/物流服务提供商来说，它能用于物料处理、空间利用、资产管理；对于零售商来说，它能用于减少缺货、降低存货，以及顾客现场与售后服务。物联网除了能被用于业务流程改善和运营效率提升外，也能用于促进业务边界和业务范围的扩展（Hsu & Lin, 2016; Marco, Cagliano, Nervo & Rafele, 2012; Tzeng, Chen & Pai, 2008）。

最近，越来越多的企业开始关注并应用了物联网技术，如物流企业的信息采集、物品追踪、运送监控、可视化管理等，又如制造企业的供应链管理、生产过程监控、安全生产管理等。然而，当前物联网应用在理想图景与相关实践之间存在着巨大的鸿沟：尽管它具有直观的吸引力，但许多人仍在质疑它的价值，使得它在企业中的采纳应用要比预期慢得多；尽管相关技术日渐成熟，但缺乏管理上有关潜在价值与应用模式的正确理解，使得它在企业中的应用仍然停留在较低的水平，与此同时，许多早期的采纳者也呈现出一些负面的图景，如无法获取它的投资回报。例如，戴克曼、斯普伦克尔斯、佩特斯和詹森（Dijkman, Sprenkels, Peeters & Janssen, 2015）发现企业对于物联网是如何被应用的、能够提升哪些流程等问题知之甚少；I. 李和 K. 李（Lee & Lee, 2015）发现物联网在产业领域中的应用仍然停留在较低的水平；一项调查发现只有不到 5% 的企业认为它们将在 2 年内获取物联网投资的回报，而大多数企业的物联网应用无法获取预期的回报（Hozak & Collier，2008）。

　　组织采纳和应用技术，一个基本目标就是从技术应用中抽离出商业价值。然而，任何技术创造商业价值并不仅仅取决于技术因素，而且取决于商业模式。近年来，商业模式因成为理解企业如何盈利的关键概念而受到广泛关注（Morris，Schindehutte & Allen，2005；Zott，Amit & Massa，2011；Bouncken & Fredrich，2016）。商业模式并不神秘，是对传统的产业分析和资源分析等范式的补充（Bucherer & Uckelmann，2011；胡保亮，2015a），回答了如何实现价值主张、如何产生持续利润等问题（Hamel，2000；Teece，2010；高闯和关鑫，2006；李东，王翔，张晓玲和周晨，2010）。尽管表述各不相同，但大多数有关商业模式的定义都强调价值创造与价值获取（Chesbrough，2007；Osterwalder，Pigneur & Tucci，2005；Hu，2014）。例如，蒂斯（Teece，2010）认为商业模式定义了企业如何为顾客创造和传递价值，以及如何将收到的支付转换为利润。又如，比约克达尔（Björkdahl，2009）认为商业模式是指创造和抽离经济价值的活动和逻辑。从创新角度看，商业模式解决了企业如何从新产品、新服务或新技术应用中获取商业价值的问题（Björkdahl，2009；Chesbrough & Rosenbloom，2002；Teece，2010；王翔，李东和张晓玲，2013）。例如，切斯布鲁夫和罗森布鲁姆（Chesbrough & Rosenbloom，2002）指出技术的内在价值在商业化之前都是潜在的，是商业模式连接了技术上的投入与经济上的产出，不能确定恰当的商业模式将会导致技术创新的收益降低，甚至迫使企业撤销新技术的应用。蒂斯（2010）指出为了从技术创新中获取利润需要设计一个好的商业模式，因为商业模式解决了企业如何从创新中获取价值。卡姆（Kamoun，2008）认为商业模式是企业在技术创新中创造和获取价值的方法蓝图。比约克达尔（2009）指出技术可以创造价值，但是实现这些价值和抽离这些价值，是管理问题特别是商业模式中的活动安排问题。

今天的物联网技术也不例外。对企业来说，物联网应用也是一种创新行为，即：它的内在价值在商业化之前都是潜在的，或者说它本身并不能自动保证经济上的成功。因此，为了获取物联网的价值，企业用户就需要设计合适的物联网商业模式（胡保亮，2014；Dijkman, Sprenkels, Peeters & Janssen，2015）。物联网商业模式描述了企业应用的物联网技术所能提供的价值以及企业如何创造、实现这些价值并产生利润的逻辑（胡保亮，2015b），它连接和协同了物联网技术应用和物联网价值创造并为物联网技术投资指明了通往成功的方向（Bucherer & Uckelmann，2011；Kamoun，2008）。由此可见，昔日互联网时代"商业模式制胜"的实践还在延续，只不过这次的主角变成了物联网。此外，回顾历次信息技术革命可以发现：企业只有在应用新技术的同时创新商业模式才能获取新技术的巨大价值。还应看到，物联网作为新一代信息技术，其技术特征、用户行为和产业结构等方面大大不同于以往信息技术，必将要求构建新的商业模式与之适应。而实践中受囿于尚未开发出新的商业模式来替代过去沿用的商业模式，物联网的大规模推广应用和价值获取还无法取得显著进展，这也严重制约了物联网战略性新兴产业的发展。因此，构建有效的物联网商业模式，成为那些打算应用和已经应用物联网的企业必须要面对和解决的重要问题之一。

作为新一代信息技术的物联网，不仅催生新的技术范式，也将催生新的商业模式。学者们已经开始探讨物联网商业模式，使之成为一个值得关注的研究领域。现有研究着重对物联网商业模式类型进行了考察，加深了人们对于物联网商业模式的理解，但这些研究主要针对物联网产业链上游企业（如网络运营商）、局限于物联网商业模式表面形态，尚未系统触及产业链终端企业用户的物联网商业模式问题，而且缺乏考察能够反映概念共性与本质的物联网商业模式构成要素与维度结构。此外，尚未涉及物联网商业模式构建的路径机制、绩效影响等深层次理论，支撑理论发展的实证研究也非常缺乏。从基础性的关于一般性商业模式的研究来看，不同理论视角的学者研究了商业模式的多个主题，涉及商业模式定义、要素、类型、影响因素、绩效结果、动态演化等内容。这其中的商业模式影响因素研究，尽管提出了商业模式构建中的一些关键影响因素，对于构建商业模式有着重要启示，然而对于这些影响因素之间的联系尚缺乏必要的分析（George & Bock，2011），使得人们难以厘清商业模式的构建机制，因此也难以支持回答如何构建有效的物联网商业模式的问题。

　　本书将重点针对企业用户：首先，透过物联网商业模式的外在差异类型，探讨物联网商业模式在价值主张、价值创造、价值传递以及价值获取方面的共性和本质，研究物联网商业模式的构成要素与维度结构；其次，整合网络资源、网络流程、网络价值创造理论，研究物联网商业模式构建的路径机制，并将双元分析框架引入到物联网商业模式研究领域，研究物联网商业模式构建的双元机制；最后，探讨物联网商业模式对企业绩效的直接与间接影响，揭示物联网商业模式影响企业绩效的效应和机制。这些研究对于打开物联网商业模式构念黑箱、揭示物联网商业模式构建机制和绩效机制，以及对于拓展信息技术与管理变革理论具有重要的意义；对于加深企业对物联网价值的理解从而进一步激发企业采纳物联网的动力，提升企业应用物联网的水平，以及对于指导企业通过物联网应用创造和获取价值、获取新信息技术范式下的竞争优势，加快发展战略性新兴产业、抢占信息产业未来竞争的制高点具有重要的现实意义。

1.2　研究内容与框架

　　围绕着物联网商业模式的构建机制与绩效机制，全书共计安排九章内容，内容结构如图 1 - 1 所示。

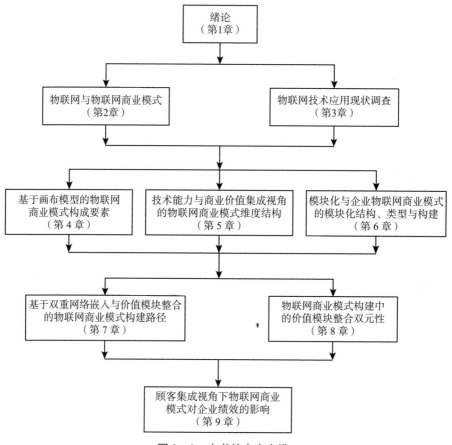

图1-1　本书的内容安排

第1章：绪论。本章主要阐明了研究的背景与意义，提出了所要研究的问题，并对研究内容、研究方法等进行了说明。

第2章：物联网与物联网商业模式。本章为全书内容研究提供了理论基础，不仅综述了物联网的定义、特征、技术、应用、采纳等基础性理论，而且专门针对物联网商业模式研究现状进行了综述。

第3章：物联网技术应用现状调查。本章为全书内容研究提供了实证基础，不仅深入调查与详细分析了物联网技术在企业中应用的类型与效果，而且为后续章节理论问题的探讨提供了实证数据。

第4章：基于画布模型的物联网商业模式构成要素。本章探讨了企业用户物联网商业模式的构成要素，在此基础上提出了企业用户物联网商业模式的画布模型，并通过一个案例验证和诠释了它们。

第5章：技术能力与商业价值集成视角的物联网商业模式维度结构。结合探索性案例研究，本章集成物联网技术能力与物联网商业价值探讨了物联网商业模式的维度构思，在此基础上通过50份问卷数据的探索性因子分析和142份问卷数据的验证性因子分析实证检验了这一维度构思。

第6章：模块化与企业物联网商业模式的模块化结构、类型与构建。本章运用复杂系统视角，将模块化理论与工具引入到物联网商业模式研究领域，着重探讨它的复杂结构、可能形态和构建路径等问题。

第7章：基于双重网络嵌入与价值模块整合的物联网商业模式构建路径。本章旨在探讨双重网络嵌入（技术子网络嵌入、业务子网络嵌入）、价值模块整合对物联网商业模式的影响，从而揭示物联网商业模式的构建路径。为此，提出了双重网络嵌入、价值模块整合与物联网商业模式三者层次关系的研究假设，并通过应用层次回归分析方法对142份问卷调查数据进行实证分析检验了相关假设。

第8章：物联网商业模式构建中的价值模块整合双元性。结合着理论分析和基于142份问卷调查数据的层次回归分析，本章着重探讨了价值模块整合双元性对物联网商业模式的影响，回答了利用性价值模块整合和探索性价值模块整合这两类相互冲突的活动在构建物联网商业模式中的可能关系，解析了物联网商业模式构建中的双元机制。

第9章：顾客集成视角下物联网商业模式对企业绩效的影响。本章不仅研究了物联网商业模式对企业绩效的直接影响，而且引入顾客集成作为中介变量研究了物联网商业模式对企业绩效的间接影响，并通过基于142份有效问卷的层次回归分析实证检验了这些影响。

1.3 主要研究方法

为研究上述提出的内容，本书主要选择了以下研究方法：

（1）文献研究法。收集并追踪商业模式、网络嵌入、模块化与价值模块、物联网、双元性等领域的研究文献，并对它们进行整理和分析，厘清物联网及其商业模式研究现状。在此基础上形成本书研究的基本思路，即明确研究问题、研究变量和可以采用的研究方法。

（2）案例研究法。采用探索性案例研究法，统筹物联网的技术能力与商业价值初步探讨物联网商业模式的维度构思；采用验证性案例研究法，验证物联网商业模式画布及其构成要素。

（3）问卷调查法。通过政府部门和电信运营商收集 50 份有效问卷，用于初步检验物联网商业模式的维度构思；通过政府部门、电信运营商和个人关系网络收集 142 份有效问卷，用于进一步检验物联网商业模式的维度构思，以及用于检验物联网商业模式构建路径、绩效影响等其他研究假设。

（4）描述性统计。对不同行业企业、不同规模企业以及不同年龄企业应用物联网技术的类型和效果进行了描述性统计分析和对比。

（5）因子分析法。基于 50 份有效问卷的小样本，进行探索性因子分析初步检验物联网商业模式的维度构思；基于 142 份有效问卷的大样本，进行验证性因子分析最终确定物联网商业模式的维度构思。

（6）层次回归法。对 142 份有效问卷数据，分别采用层次回归法，实证检验基于双重网络嵌入与价值模块整合的物联网商业模式构建路径、物联网商业模式构建中的价值模块整合双元性以及顾客集成视角下物联网商业模式对企业绩效的影响。

第 2 章　物联网与物联网商业模式

2.1 物联网概念

2.1.1 物联网的定义

物联网这个词，国内外普遍公认的是美国麻省理工学院自动识别中心阿什顿（Ashton）教授于 1999 年在研究射频识别技术（Radio Frequency Identification，RFID）时最早提出来的（孙其博，刘杰，黎羴，范春晓和孙娟娟，2010）。在 2005 年国际电信联盟发布的同名报告中，对物联网覆盖范围作了较大的拓展，不再只是指基于 RFID 技术的物联网。2009 年，欧盟对物联网的定义为：物联网是一个动态的全球网络基础设施，它具有基于标准和互操作通信协议的自组织能力，其中物理的和虚拟的"物"具有身份标识、物理属性、虚拟的特性和智能的接口，并与信息网络无缝整合。2010 年我国政府工作报告所附的注释中对物联网的说明为：是指通过信息传感设备，按照约定的协议，把任何物品与互联网连接起来，进行信息交换和通信，以实现智能化识别、定位、跟踪、监控和管理的一种网络，它是在互联网基础上延伸和扩展的网络。类似地，米阮迪、西卡里、佩莱格里尼和克朗迈（Miorandi，Sicari，De Pellegrini & Chlamtac，2012）认为物联网这个词有三层含义：第一，它是借助扩展的互联网技术连接智能物体而形成的网络；第二，它需要一系列必要的支持技术，例如，RFID、传感器、机器间沟通设施等；第三，配置这些技术得到的应用和服务打开了新的商业和市场机会。

物联网作为延伸和扩展互联网的新的技术范式，理解它需要重新思考互联网时代有关网络、计算、服务配置/管理中的一些常用的传统方法（Miorandi，Sicari，De Pellegrini & Chlamtac，2012）。

（1）从概念角度上来看，物联网建立在智能对象三大能力基础之上：可被识别；可通信；可交互。以上三种能力可以在由相互连接的智能物体组成的网络中体现，也可以在由智能物体与终端用户或其他实体组成的网络中体现。

（2）从组成成分上来看，物联网是基于"智能对象"，或者，简单地说，基于"事物"的概念。这些"对象（或事物）"补充了互联网领域中的实体（例如主机、终端、路由器等）概念。智能对象（或事物）作为实体，可被定义为：

- 有物理存在和一组相关的物理特征（如大小、形状等）。
- 有一系列的通信功能，如被发现、接收消息及答复的能力。
- 拥有独特的标识。
- 至少关联一个名称和一个地址。
- 具备一些基本的计算能力。
- 可具有感知物理现象或触发真实行动的装置和手段。

以上最后一点最为关键，它将智能对象与传统意义上的网络系统中的实体区分开来。事实上，物联网是与物理世界相关联的作为数据的供应者和（或）消费者而存在的实体构成。物联网的重点是数据和信息，而不是点对点的通信。

（3）从系统层次来看，物联网可以看作是一个高度动态的、完全分布式的网络系统，由大量生产和消费信息的智能对象组成。网络中智能对象接入物理领域的能力通过以下两个装置实现：一是可以感知物理现象并将这些现象转化成信息数据流（从而提供当前情境和/或环境的信息）的装置；二是能够触发影响物理领域行动的装置。由于智能对象所组系统的超大规模性，系统的可扩展性成为一个需要面对的重要问题；而且考虑到网络高度动态性（如智能对象可以移动并与近距离对象创建临时不可预知模式的连接），自我管理、自主能力有望成为提出和发展一套可行解决方案的主要驱动力。

（4）从服务层次来看，主要问题是如何将智能对象提供的功能和（或）资源（在许多情况下以数据流的形式存在）整合（或融入）到服务中去。这需要定义：通过在数字领域创建智能对象的标准化描述而得到的虚拟化智能对象的架构和方法；将智能对象的资源/服务无缝整合和融入最终用户增值服务中去的方法。

（5）从用户的角度来看，物联网颠覆了以往的服务配置，使新的"总是响应"的服务变得可行，从而支持并满足用户的需求。"总是响应"服务考虑到了顾客所处的情境以及特定需求，并且及时构建和组合服务满足顾客的需求。当用户有特定的需求时，只需提出一个请求，接下来，一个在规定时间自动组成和部署并符合用户所处环境的特设应用程序就会来满足他们的需求。

2.1.2　物联网的特征

作为一种系统，物联网需要具备或支持以下几种关键性的特征（Miorandi，Sicari，De Pellegrini & Chlamtac，2012）。

（1）装置异质性。物联网的一大特点就是在系统中存在大量异质性的装置。这些异质性装置呈现出不同于计算和通信的能力。管理这些异质性装置需要得到架构和协议层面的支持。

（2）可扩展性。当众多对象连接到全球性的信息基础设施中去时，可扩展性问题就在不同层面上出现了，包括：命名和寻址、数据通信和网络化、信息和知识管理以及服务供应和管理。

（3）通过近距离无线技术进行无处不在的数据交换。在物联网中，无线通信技术扮演着突出的角色，它使智能对象彼此连接成为网络。为交换数据而广泛采纳无线媒体可能会导致频谱可得性问题，这将促使采纳认知/动态无线电系统。

（4）能量优化的解决方案。对于物联网中的大多数实体而言，如何减少用于通信/计算所花费的能耗是一大问题。虽然相关的能量收集技术（如微型太阳能电池板）会减小装置能耗的局限性，但能源永远是一种稀缺资源。

因而，制定优化能源使用的解决方案（即使以牺牲性能为代价）变得越来越有吸引力。

（5）定位和跟踪能力。由于物联网实体可被识别，并提供短距离无线通信功能，因此它们成为物理领域中可被跟踪定位（和移动）的智能对象。这在物流和产品生命周期管理中特别重要，目前这些领域已广泛采用 RFID 技术。

（6）自组织能力。物联网许多情境中出现的复杂性和动态性特征都要求系统中存在分布式智能，从而使智能对象（或其一个子集）能够自主地应对各种不同的情况，并最大限度地减少人为干预。这样的话，跟随用户的请求，物联网中的节点将自发地组织成临时网络，用于共享数据和执行协调任务。

（7）语义互操作和数据管理。物联网将交换和分析大量的数据。为了将这些数据转化成有用的信息，并保证其在不同应用之间的互操作性，非常有必要用明确的语言和格式提供足够的和标准化的数据格式、模式和其自身内容的语义描述（元数据）。这将使物联网应用程序自主思考、自动推理。这是一个关键功能，能使物联网技术在更广泛范围内得到采用。

（8）嵌入式安全和隐私保护机制。由于与物理领域的紧密相关性，物联网技术应该设计的具有安全性和隐私保护性。安全性应被视为关键的"系统级"属性，并将其融入物联网解决方案的体系结构和方法的设计中去。这是一个关键的要求，目的是为了提高用户接受度和技术广泛采用度。

2.1.3 基础性物联网技术演化

表 2-1 显示了基础性物联网技术（也即网络、软件和算法、硬件和数据处理技术）的演化可能（Lee & Lee，2015）。网络是物联网的支柱。它指的是可被识别的对象（或物体）和它们的虚拟代表位于一个类似网状的结构里。网络技术正向无线通信技术方向发展，这种技术使得基于物体相联的应用更加容易柔性配置。与此同时，网络技术也正在向能够感知情境的自治网

络方向演化。

表 2－1 基础性物联网技术的演化

基础物联网技术	2010 年前	2010～2015 年	2015～2020 年	2020 年以后
网络	• 传感器网络	• 自我意识和自组织网络 • 延迟容忍网络 • 存储网络 • 混合组网技术	• 网络情境感知	• 网络认知 • 自我学习、自我修复网络
软件和算法	• 关系数据库集成 • 基于事件的平台 • 传感器中间件 • 传感器网络中间件 • 接近/定位算法	• 大规模、开放语义软件模块 • 组合算法 • 下一代物联网为基础的社会软件 • 下一代物联网为基础的企业应用	• 面向目标的软件 • 分布式智能、问题解决 • 物体间协作环境	• 面向用户的软件 • 看不见的物联网 • 容易部署的物联网软件 • 物体与人的协作
硬件	• 射频识别标签及传感器 • 内置传感器的移动设备 • 小型化和便宜的MEMs 技术	• 多协议、多标准识别器 • 更多的传感器和执行器 • 安全、低成本的标签	• 智能传感器 • 更多的传感器和执行器	• 纳米技术和新材料
数据处理	• 串行数据处理 • 并行数据处理 • 服务质量	• 能量、频率频谱感知数据处理 • 数据处理情境适应	• 情境感知数据处理和数据响应	• 认知处理与优化

资料来源：I. 李和 K. 李（Lee & Lee, 2015），P. 435。

对象（或物体）依靠软件相互进行有效的沟通，并传递增强的功能和加强连接性。软件应该根据物联网的协同性、连接性、隐私和安全的要求进行开发。当前，软件开发的重点正向面向用户、分布式智能、机器与机器协作以及机器与人协作等方向转移。

硬件应该设计新颖、精细制造并由进入消费领域的物联网装置所驱动。这种进入消费领域的物联网装置应有多样的特征、功能和运行环境。虽然RFID 标签和传感器一直是硬件创新的重点，但是小型化和纳米技术应用应该引领硬件高效率、低能耗发展的方向。

物联网产生大量的需要实时汇总和分析的有关物体状态、位置、功能和运行环境的数据和信息。然而，传统的数据处理方法在物联网环境的实时数据流处理过程中效果不是很好。由于处理大量实时物联网数据会以指数速度增加数据中心的工作负荷，数据处理将变得对情境更加敏感、优化与认知。

2.2 物联网应用领域

2.2.1 物联网应用于生产制造

物联网技术已经成为制造领域中的热门话题，被认为是提升生产效率和改变生产范式的新的标志性技术（Ngai，Moon，Riggins & Yi，2008；Sulaim-an，Umar，Tang & Fatchurrohman，2012）。为此，现有研究广泛探讨了物联网在生产制造中的应用。

周和佩尔马斯（Zhou & Piramuthu，2012）研究了物联网在大规模制造中的应用。他们考虑了一种情景，即产品是由一些包含 RFID 标签的部件组成。每个标签包含部件的相关信息，包括这些部件的身份属性以及部件之间的关系说明。基于这些说明以及所要遵守的绩效标准，最恰当的部件能被选择出来从而组成最终产品。这其中，基于知识的利用决策规则能够基于这些部件的各自说明选择与其互补的部件并进而帮助实现最终产品构造流程。

钟、戴、曲、胡和黄（Zhong，Dai，Qu，Hu & Huang，2013）探讨了物

联网技术（包括 RFID 阅读器、标签，PDA 以及无线网络等）在大规模定制生产现场制造执行中的应用：通过嵌入 RFID 标签，制造资源（原材料、机器、工人等）变成了可被感知的实体，能被追踪以及它们的实时数据能被收集，这些数据又实时支持了生产现场规划、调度、执行和控制，基于实时数据收集和调度，物料的可视性和可追踪性也得以提升，相应地在制品库存也得以有效控制。

李、乔伊、霍和劳（Lee, Choy, Ho & Law, 2013）探讨了基于物联网的服装企业资源分配系统：首先，借助 RFID 获取制造相关的实时数据；其次，应用模糊逻辑对这些数据进行分析生成资源分配计划；最后，在按照资源分配计划进行制造的过程中，RFID 又实时收集各个环节（如铺布、裁剪、缝纫等）的质量检查和存货信息，评估资源分配计划执行效果以及为未来资源采购提供参考。

宋宫玺、袁逸萍和李晓娟（2014）针对机械制造产业在生产加工、装配、仓储等工作中存在着大量的数据处理工作，而现有的人工数据采集方式能力较低、效率较差、容易出错，将基于物联网的 RFID 技术应用到生产车间数据采集系统中，并且将条形码技术应用到了仓储数据采集中，还运用了单片机与传感器结合制造执行系统来采集车间环境数据。此系统解决了生产车间数据采集困难、易出错、管理混乱等问题，实现了对生产车间数据的实时采集与监控，从而有效地提高了生产效率。

黄、张和江（Huang, Zhang & Jiang, 2007）探讨了物联网（RFID 和无线信息网络）在固定位置柔性装配中的应用：通过 RFID 和无线信息网络实时收集信息，实现了 JIT 制造，材料、模块、工具和人力等资源能在恰当的时间移动到制造车间，降低了车间的在制品库存以及加速了这些在制品的流动。结果是，固定位置装配的两类问题——有限的生产现场空间和物料和人力的动态流动，被较好地解决了。此外，手工录入数据错误等生产车间一般问题被避免了，这进一步提升了操作效率。

钟小勇、朱海平、万云龙和余钱红（2012）针对制造业对位置服务在定位精度、实时性、定位成本和效益等方面的特殊需求，以无线传感器网络和 RFID 等物联网技术为基础构建定位网络对制造资源进行定位，在定位网络的基础上构建位置服务系统，对制造资源的位置信息进行收集、处理、存储和分发。实际应用表明：制造资源的位置服务系统，可以有效地帮助企业对各制造资源进行可视化和高效地监管，减少了各种浪费，提高了企业的生产效率，以及提升了企业管理的精益化程度。

赵道致、杜其光和徐春明（2015）发现在物联网平台上制造企业之间可以进行配置的制造资源和制造能力的多维性，即可共享的资源不仅包括有形的产品以及库存等制造资源，还包括设计能力、生产能力等无形的资源。他们进一步建立并分析了随机需求下物联网平台上两个制造商之间制造能力共享的模型，发现：在制造能力实现共享的模式下，两个制造商制造能力的最优准备水平存在，且随单位转移收益的升高而同时升高；集中决策情况下制造能力共享所获得利润不小于分散决策时的利润总和。

房亚东、曾少华、陈桦和毛晓博（2016）为了解决传统的生产制造模式出现的车间控制层和计划层之间出现的信息"断层"现象，提出了制造执行系统与物联网技术结合的思路。他们针对机加工车间等典型的离散类制造车间进行分析，给出具体的制造执行系统设计思路与框架，并利用 RFID 技术和 ZigBee 技术具体设计出了制造车间物联网系统平台，最后利用 Justep X5 开发平台实现了制造执行系统与物联网技术的互联应用。

2.2.2 物联网应用于产品分销

物联网对于产品分销亦具有重要的价值，例如，物联网作为营销技术促使更加个性化的服务和消费体验以及导致更高的顾客满意和忠诚，这也将提升营销机会（Uhrich, Sandner, Resatsch, Leimeister & Krcmar, 2008）。这方面的研究有：

霍和陈（Hou & Chen, 2011）提出了基于物联网的零售商店消费服务系统，该系统根据顾客消费偏好、市场促销方案，可以基于个性化的商品推荐算法为顾客提供个性化的购买商品清单，并在此基础上基于消费路线算法为顾客建议最短的消费路线和提供实时引导。

王、梁、郭、曾和莫克（Wong，Leung，Guo，Zeng & Mok，2012）探讨了物联网在服装零售业中的应用，提出了 RFID 使能的试穿系统：顾客携带嵌入标签的服装站在配有 RFID 天线的镜子前面或进入配有 RFID 天线的试衣间时，该服装能被天线探测到，天线将相关信息传递到 RFID 阅读器和试装服务器；然后该系统将通过投影或触摸液晶显示器展示服装效果及其搭配服装建议，顾客也可通过触摸液晶显示器与该系统就颜色、尺寸、面料等问题进行互动。如果顾客对建议有兴趣并打算试穿搭配服装，系统将告知服务人员将搭配服装拿进来。

孔代亚、史塞斯和弗莱施（Condea，Thiesse & Fleisch，2012）探讨了物联网在零售商店货架补货中的应用：当嵌有 RFID 标签的商品从仓库运往货架进行补货时，它们的信息能够通过 RFID 阅读器被收集并被加入到货架存货信息中去；需要从货架撤离的商品的信息也能通过 RFID 阅读器收集并从货架存货信息中除去。进一步地，销售的商品也被从货架存货信息中除去。这样仓库管理信息系统就能实时掌握货架存货情况进而能够触发补货。

周、图和佩尔马斯（Zhou，Tu & Piramuthu，2009）探讨了物联网在零售商店动态定价中的应用：通过会员卡嵌入的 RFID 标签去识别和追踪顾客的消费行为和消费偏好信息，这些信息加上需求的时间与空间动态变化信息以及竞争对手活动等信息被送往后台基于知识的能够进行适应学习的动态定价信息系统，然后后台动态定价信息系统根据这些信息生成产品价格，更新植入产品中的 RFID 标签的价格信息并以电子形式展示这些价格信息。对于顾客来说，这种应用为顾客提供了个性化的促销方案；对于商家来说，可以动态调整价格获取更多收益。

乌尔里奇、桑德纳、阮瑟奇、莱迈斯特和克尔马克尔（Uhrich，Sandner，Resatsch，Leimeister & Krcmar，2008）探讨了服装零售商如何应用物联网提升它们的关系营销能力：当将 RFID 标签嵌入会员卡时，顾客能在进入商店的第一时间被识别并被安排销售人员进行接触和服务；信息终端或其他设备获取 RFID 标签中的顾客信息后，生日特价或基于消费历史的建议被提出，顾客也可与这些设备就产品价格、使用注意等进行单独沟通；当顾客接近货架时，RFID 标签会激活货架上方的演示终端或显示器，呈现出产品信息、使用说明、商业广告等信息，从而能够替代销售人员与顾客进行信息沟通。

2.2.3 物联网应用于物流服务

普恩、乔伊、乔、拉乌、陈和霍（Poon，Choy，Chow，Lau，Chan & Ho，2009）针对当前的仓库管理信息系统不能提供实时和精确的仓库操作信息进而很难形成可靠的物料处理方案的问题，提出了基于物联网的仓库资源管理系统。该系统将会立刻产生能够自动处理顾客订单的物料处理解决方案。该系统的实时和自动数据检索特征由 RFID 技术支持，这个特征能够帮助确定仓库资源的确切位置。RFID 收集得到的数据也被用于确定潜在的工具和设备去进行物料处理操作。此外，基于数学算法的物料处理方案形成模型能够产生最短的处理路线以及为该路线分配最合适的物料处理设备（如离路线起点最近的叉车），从而自动形成物料处理解决方案。

李和陈（Lee & Chan，2009）探讨了物联网在逆向物流中的应用：当物品抵达收集点时，包含商品类型、商品数量、返回原因和收集点信息的 RFID 标签将被嵌入到物品中去，随着这些物品的流动，相关环节（如集中返回中心、制造商）能够通过阅读器实时获取这些物品信息（如位置、数量、类型等），相应地，相关人员可以据此信息安排合理运输路线并作出处理决策（如捐赠、清理、重新加工、进入二手市场等）。贺超和庄玉良（2012）针对供应链核心企业提出了一个基于物联网的逆向物流管理信息系统，包含数据初始化、数据跟踪/采集、回流产品处理决策支持以及回流资源再利用信息管理四个主要功能，包含产品信息数据库和经过方法库、模型库加工与挖掘后的逆向物流回流产品决策数据库两个数据库。

恩盖、陈、奥和赖（Ngai，Cheng，Au & Lai，2007）探讨了物联网在集装箱空柜仓库企业移动商务中的应用：通过在集装箱空柜上安装 RFID 标签实时收集数据，并将这些数据通过无线网络传递到后台管理支持系统进行处理（包括账户管理、集装箱管理、交易管理、监控与数据分析四个模块），顾客能够通过门户网站得到能否获取货柜、获取和归还计划等信息，进而通过门户网站能够直接进行交易和支付；企业可以识别货柜的存放位置、并可借助系统的分析模块对货柜的信息（仓库空间、出口入口、货柜是否需要维修、顾客订单、货柜历史使用信息等）进行数据挖掘，为货柜分配存放位置以及预测顾客需求。

高小梅（2014）针对不断出现的药品安全问题，提出了一种基于物联网技术的药品智能物流监管系统设计方案，该系统结合 RFID 标签识别技术、网络控制技术和智能交通技术等一些信息科学技术，实现了对药品的识别、配送和监管，以及问题药品的溯源等，该系统还将大量药品信息和运输信息储存到数据库中，通过网络进行控制和分享，方便了管理人员和监管部门进行实时地查询。

在运输方面，张、乔伊、李、石和唐（Cheung，Choy，Li，Shi & Tang，2008）探讨了全球定位系统（Global Positioning System，GPS）、地理信息系统（Geographic Information System，GIS）和 RFID 等物联网技术如何被耦合到实时表征运输情况（车辆位置信息、路线拥堵情况等）。温（Wen，2010）提出一个智能交通管理专家系统，由无源标签、RFID 阅读器、个人电脑、红外传感器以及带有数据库的服务器等组成。这种系统能够追踪车辆情况（如违反交通规则、被盗等），提供实用交通信息提醒拥堵或计算最短路线等。

肖亮（2011）在系统分析物流园区移动工作任务、集群协同分工、海量数据服务和敏捷知识服务等特征的基础上，通过物联网和云计算技术的应用，建立了具有全面感知、可靠传递和智能处理特征的物流园区供应链管理平台，不仅能够支持对物流资源及相关物品的全程动态跟踪，实现适时适地的信息智能分类推送服务，而且能够支持平台以软件即服务（Software as a Service，SaaS）、平台即服务（Platform as a Service，PaaS）和基础设施即服务（Infrastructure as a Service，IaaS）等方式为园区供应链上各企业提供各类信息技术（Information Technology，IT）资源应用服务，对于支持物流企业依托园区供应链管理平台，组建面向不同任务的物流服务供应链，并实现园区供应链协同管理，具有重要的意义。应用实践充分表明，该平台实施有利于提高物流园区软硬件信息资源的共享效率，显著降低园区信息化投资成本，增强园区社会物流资源整合能力。

2.2.4 物联网应用于产品生命周期管理

一般来说，产品生命周期包括三个主要的阶段：生命开始阶段（Beginning of Life，BOL），主要是指产品设计和制造；生命中间阶段（Middle-of-Life，MOL），主要是指产品使用、服务和维护；生命结束阶段（End-of-Life，EOL），此时产品被回收、拆解、再生或销毁等。在 BOL 阶段，信息流动是相对完全的，相应的技术有计算机辅助设计、计算机辅助制造、产品数据管理以及产品知识管理系统等。但对于今天的大多数产品而言，在 BOL 之后，信息流变得越来越不完全。结果是行为者在每个生命周期阶段陷入基于不完整或不精确信息的决策。然而，物联网技术能够给予在整个产品生命周期中获取、管理和控制产品数据和信息的机会（Kiritsis，Bufardi & Xirouchakis，2003；Cao，Folan，Mascolo & Browne，2009；Lee，Song，Oh & Gu，2013）。物联网在产品生命周期管理中的应用，主要内容如下（Jun，Shin，Kim，Kiritsis & Xirouchakis，2009）。

（1）物联网在 BOL 阶段的应用。BOL 阶段是指产品概念产生以及随之的物理实现阶段。在设计阶段，物联网技术能被用于管理技术文档尽管设计阶段并不是物联网应用的主要领域。在所有技术文档上附着小的和简单类型的嵌入式信息设备（如无源 RFID 标签）能够有条不紊地管理庞大的技术文档，这将导致有效地发现必要的信息以及降低不必要的错误。在制造阶段，物联网的应用可以分为两个领域：产品和资源。在产品领域中应用物联网的主要目的是让产品每个部分或产品本身在制造阶段遵守准确的作业操作。为了做这些，每个产品需要嵌入物联网信息设备。对于一些简单的应用如生产流动和产品识别，物联网信息设备只需存储产品识别数据、工艺路线数据、工艺规范说明等。借助这些数据，每个产品能够流向确切的工艺环节。在一些情况中，处理信息需要记录和存储在产品中以便下一步的操作。在资源领域应用物联网要复杂得多。首先，它应具有数据获取能力去收集资源操作、维护历史，以及使用状态数据如资源各个主要部分的退化、使用环境数据等。为此，它应具有产品识别、感知、数据存储以及能量管理功能。对于感知和数据存储，不同类型的传感器和读/写存储器可以被使用。其次，它应具有自我监控能力去探测反常的资源情况，如机器故障或工人事故。它需要连续存储资源状态数据的能力，以及基于预测算法能够预测反常情况发生的监控资源操作的能力。根据需要分析的数据的数量，数据处理功能可以由物联网设备自己或后台系统实现。若由物联网设备自己处理数据，数据处理功能是物联网设备另外的必需功能。最后，为了恰当地控制和应对资源的反常情况，它必须能够自己向生产控制员宣布反常。因此，沟通功能也需要。对于沟通方式，有限或无线技术可以被使用。

（2）物联网在 MOL 阶段的应用。MOL 阶段是产品被分销、使用、维护以及顾客服务的阶段。由于产品在被传递给顾客后，产品所有权发生了转移，因此企业与顾客之间的信息流变得不连续。因此，企业很难去追踪和获取顾客产生的产品使用数据。也正因为此，企业难以使用产品使用数据去提升产品性能和优化相关操作。尽管一些间接方法，如调查和访谈，能获取 MOL 数据，然而这些有限的数据不能帮助企业获取实时和真实的产品状态信息。物联网技术能够帮助企业解决这一局限。物联网能记录产品退化状态以及产品维护、失败或服务事件等产品使用历史数据。它为顾客和企业都提供了商业价值。例如，顾客在 MOL 阶段能接收产品的实时状态报告，这将促进顾客能够更长时间以及更满意地使用产品。从企业方面来看，通过物联网设备收集数据可以用于 BOL 阶段的设计提升以及 MOL 阶段的操作和维护。具体来看，MOL 数据可应用于产品设计的薄弱环节，例如，有助于分析产品退化模式与产品使用模式之间的关系，以及找出与关键退化模式相关的设计参数。在维护和服务领域，维护工程师能容易地获取和接收产品状态信息，并基于这些信息预测产品状态以及产品可能发生的反常，然后执行预防性维护。在预防性维护中，不仅应该收集和存储不同类型的产品状态信息而且应该监控产品退化状态。显然，这需要物联网设备具有产品识别、感知和数据存储功能。此外，它也需要一些特定的传感器能够收集产品环境数据，例如，振动、电压、压力和温度等。另一种 MOL 数据应用就是物流。在物流中应用物联网技术能够提升供应链中产品管理的精确性和效率，特别地，集成维护/服务操作与物流是另一个重要的应用领域。

（3）物联网在 EOL 阶段的应用。EOL 是产品被回收、分解、翻新、再利用、重新组装或销毁的阶段。最近，这个阶段变得越来越重要。这使得企业有更多兴趣于使用物联网进行有效 EOL 管理。在产品重新使用情况下，在部件或零件质量数据被更新到现有物联网设备之后，产品被送到再加工环节或二手市场。在产品重新制造情况下，在需要的信息（如当前的质量数据、需要的质量数据、产品说明和生产指令）被更新后，产品被送往重新制造环节。在产品销毁情况下，在更新完相关销毁数据，产品被送往产品销毁公司。这些情况下的物联网设备有个共同的需要就是信息存储，因为 EOL 操作通常由多个企业共同完成。因此，产品的物联网设备需要拥有必要的信息和数据以便用于 EOL 操作。

2.2.5　物联网应用于供应链管理

物联网已经成为新的组织间技术。这种技术尽管在供应链管理中的应用相对较新，但却被认为显著地变革了相互依赖的供应链流程和供应链实践

（FossoWamba & Chatfield，2009；Neubert，Dominguez & Ageron，2011；Sa-rac，Absi & Dauzère-Pérès，2010）。具体来说：

泰杰玛（Tajima，2007）指出在供应链管理中，通过物联网系统获取的产品信息包括即时数据（如制造和到期数据）、历史数据（如出发和到达时间）、产品批次数据（如说明、规格、单位）以及商业实体数据（如地址和电话）等。泰杰玛（2007）进一步指出物联网在供应链中的应用能够获取以下价值：降低损耗、降低物料处理时间、增加数据精确性、快速处理例外与提升信息共享。

周和阿尔马斯（2012）指出物联网对于供应链流程的价值，包括：降低劳动成本；提升商店销售区域利用水平；加速物资流动；降低利润损失；提升的信息精确性导致的有效的供应链控制；顾客行为方面更好的知识；无库存方面更好的知识；降低交付纠纷；易腐物品的更好管理；更好地退货管理；质量问题的更好追踪；产品召回和顾客安全的更好管理；全面质量控制的提升。

米杨柯、夸克和乔（Myoung Ko，Kwak & Cho，2011）研究了RFID使能的供应链产品追踪系统，该系统可以根据预设的产品移动计划去跟踪产品在供应链中的流动状态。当系统未按预设计划发现产品进入计划中的节点时，该系统将激活搜索功能，进行产品搜索。搜索功能采用基于强化学习技术的搜索算法，会自动决定供应链中各个节点的搜索顺序——最有机会找到产品的节点会先于其他节点被搜索。

王、刘和王（Wang，Liu & Wang，2008）探讨了RFID使能的供应链对基于需求拉动的存货补充的影响，实验分析结果表明RFID使能的基于需求拉动的供应链能够有效地实现总存货成本降低6.19%，以及存货周转率增加7.60%。

一些学者指出当前大多数关于RFID在供应链管理中应用的研究侧重研究供应链流程，如降低成本、加速流程等，然而，RFID的真正潜力在于实时获取信息和支持决策（Chatziantoniou，Pramatari & Sotiropoulos，2011）。为此，他们探讨了 RFID 技术支持实时供应链管理决策。他们发现 RFID 作为一种自动化的产品识别技术，对供应链管理具有以下一些价值：自动化现有流程，导致成本/时间节约和更有效率的操作；使能的新的或变革的业务流程和创新顾客服务（如顾客自助结账或自助产品信息服务）；丰富和精确实时信息的可获性为决策支持和知识获取提供了可能。

内提卫和李（Nativi & Lee，2012）探讨了 RFID 信息共享如何帮助利用逆向物流的供应链通过更加协调的库存管理提升环境和经济收益。他们研究了一个分散式供应链，包括一个制造商、一个再生材料供应商与一个原材料供应商，基于仿真的分析显示 RFID 技术为供应链提供了两个方面的竞争优势：实时存货监测以及决策者间的信息共享水平提高。前者允许连续存货控制，后者促进供应链内部的协调。从环境收益的角度看，数值实验揭示在有 RFID 的情境相对没有 RFID 的情境，回报明显增加（即回报增加 87%）。从经济收益的角度看，有 RFID 的情境的成本比没有 RFID 的情境降低 19%。

其他一些研究也指出了物联网在供应链管理中的应用和价值：陈、程和黄（Chen，Cheng & Huang，2013）指出物联网为供应链提供了很多贡献，如产品识别、沟通方便，物联网在供应链中的应用包括仓库管理、运输管理、生产调度、订单管理、存货管理和资产管理等；乔、乔伊、李和拉乌（Chow，Choy，Lee & Lau，2006）指出物联网能够改善供应链中的产品追踪和可视性，也能加速和可靠操作流程如追踪、运输等，导致顺畅的存货流和精准的信息；惠特克、米萨斯和克里希南（Whitaker，Mithas & Krishnan，2007）指出企业借助物联网获取信息能够更好地、更精确地进行供应链规划和管理；博塔尼和里西（Bottani & Rizzi，2008）指出基于 RFID 的再造增加了分销商和零售商流程的收益；佩尔马斯、法拉哈尼和格鲁诺（Piramuthu，Farahani & Grunow，2013）借助物联网获取的追溯信息去跟踪肉类供应链的产品召回，发现这些追溯信息能够识别供应链污染的确切位置以及最小化产品召回的批次。

2.2.6　物联网应用于其他领域

不同于以上物联网在盈利组织中应用的研究，另外一些研究探讨了物联网在非营利组织中的应用，如医院。特曾、陈和派（Tzeng, Chen & Pai, 2008）是这方面研究的一个代表。他们发现物联网应用于医院具有两类价值，一种是操作流程的改善，另一种是业务边界和业务范围的扩展。前者体现在有效沟通、提升的资产利用、提升的患者护理流程等；后者体现在积极的患者管理、供应链的虚拟集成、新服务战略以及新商业机会等。具体来说：

第一，物联网提升了数据可视性以及自动实现人员与实体的匹配，进而提升了员工之间沟通的有效性。例如，物联网系统能够集成当前的标准操作规程从而能够探测异常的情况并及时通知相关人员。又如，物联网系统防止了使用口头沟通时的数据缺失或不正确问题的发生。

第二，物联网系统能够提升资产利用水平。例如，医院人员可以使用实时监控系统去发现当前患者所需的医疗设备和资产的利用状态，从而使得它们能被有效地分配。又如，通过电子数据完整和即时的无线传输，医护人员从反复检查、撰写报告和等待信息中解放出来，这让他们能投入更多时间进行医护工作。

第三，通过物联网系统中的内置智能和扩展得到的智能支持系统，可以优化患者护理流程。例如，物联网系统可以直接和连续的获取与患者身份、位置和追踪等相关的数据。这可用于支持现有医疗系统去追踪患者的治疗、上传数据以及提供患者状态信息和实时监控，加速治疗和诊断流程，确保医疗治疗的可靠性，提供审计和确认机制，以便避免医疗失误和提高医疗服务质量。

第四，物联网系统通过让病患积极参与他们自己的治疗流程、促使他们能够启动每个医疗治疗项目而改变了传统的医疗治疗模式，并为患者提供了一个询问他们治疗信息的机制。例如，标签提供了关键信息和流程相关的管理数据。患者可以使用医院信息系统的自助子系统去阅读他们自己的记录。患者也可以发现排队等候的状况，从而更好地安排他们的时间。

第五，物联网技术可以通过提升工作流程中数据的可视性从而虚拟集成信息和资源、促进它们在供应链中共享，也可通过跨组织环境和业务流程虚拟集成收集信息的能力。例如，急诊医疗服务高度依赖医院间的合作。使用RFID 集成急诊医疗物流（患者）和信息流（患者记录）时，所有在急诊医疗供应链中的数据能被连接在一起从而创造一个优化的急诊医疗操作模式。

第六，物联网改变了与定位、空间和时间相关的含义和限制，从而实现服务创新。例如，物联网使得各方面的收集和监控、识别身份后的个性化的医疗和健康促进计划、完全的在家护理以及结合预防、治疗和康复的医疗系统成为可能。此外，物联网能被用于医院的内部管理和外部供应链管理从而创造一个完备的医疗环境，显著改变整个医疗产业的性质并带来新的医疗管理方法。

第七，物联网带来了新的商业机会。物联网对于医院和患者在节省人力、时间和成本方面有潜在的价值。这些成功的实施经验和知识能被打包成能被复制的模块并被引入到其他想引入物联网的组织中。这将会为医疗服务产业提供额外的领域去提升以及引入新的商业机会。

2.3　物联网采纳

目前，学者们对于物联网技术采纳的研究主要集中在其核心技术 RFID 技术采纳研究方面，这其中大多数关于 RFID 技术采纳的研究基于技术创新与信息系统领域中的技术采纳理论（Adhiarna, Hwang, Park & Rho, 2013），例如，创新扩散框架（Diffusion of Innovation, DOI）（Leimeister, Leimeister, Knebel & Kremar, 2009；Tsai, Lee & Wu, 2010）、技术接受模型（Technology Acceptance Model, TAM）（Müller-Seitz, Dautzenberg, Creusen & Stromereder，2009）和技术—组织—环境（Technology，Organization，and Environment，TOE）模型（Chong & Chan，2012；Tornatzky & Fleischer，1990；Wang，Wang & Yang，2010）以及其他一些技术采纳理论（Ngai，Chau，Poon，Chan，Chan & Wu，2012）。

DOI 与 RFID 技术采纳研究。DOI 理论识别了可察觉的创新属性与创新采纳之间的关系，指出技术采纳受技术特征如相对优势、兼容性、复杂性、可试用性和可观察性的影响（Rogers，1995）。在应用 DOI 理论研究 RFID 技术采纳方面，S. 莱迈斯特，J. M. 莱迈斯特、克内贝尔和克雷玛（Leimeister，Leimeister，Knebel & Kremar，2009）探讨了企业规模、RFID 经验、察觉到的 RFID 潜力通过察觉到的 RFID 的战略重要性影响 RFID 投资意愿的机制，发现察觉到的 RFID 潜力能够通过察觉到的 RFID 的战略重要性影响 RFID 投资意愿。他们进一步发现，对于德国企业而言，企业规模、RFID 经验也能通过察觉到的 RFID 的战略重要性影响 RFID 投资意愿；而对于意大利企业而言，企业规模、RFID 经验不能影响察觉到的 RFID 的战略重要性。特塞、李和吴（Tsai，Lee & Wu，2010）对零售业的研究发现相对优势（例如，提升成本效率、改进存货补充、加强市场战略、增进产品安全等）对 RFID 采纳意图具有显著正向影响，而技术复杂性（例如，技术个性化和兼容性要求、较高的投资和维护成本等）对 RFID 采纳意图具有显著负向影响。另外一些学者指出技术挑战、标准挑战、专利挑战、成本挑战、基础设施挑战、投资回报挑战等是 RFID 采纳的障碍因素（Wu，Nystrom，Lin & Yu，2006）。

TAM 与 RFID 技术采纳研究。TAM 模型认为信息系统的实际应用依赖于应用意图，应用意图依赖于个体对应用的态度，而个体对应用的态度受可察觉的信息系统的有用性和可察觉的信息系统的易用性的影响（Davis，Bagozzi & Warshaw，1989）。在应用 TAM 模型研究 RFID 技术采纳方面，一些学者对电子零售企业的顾客的研究表明可察觉的有用性有利于顾客接受 RFID 技术（Müller-Seitz，Dautzenberg，Creusen & Stromereder，2009）；陈晓红和王傅强（2013）研究发现 RFID 有用性认知和 RFID 易用性认知有利于企业接受 RFID

技术。国内学者吴亮、邵培基、盛旭东和叶全福（2012）对物联网服务采纳进行了研究，研究发现感知有用性、感知易用性、使用态度和使用意愿之间存在着显著的相关关系，其他因素如愉悦性、技术有用性和个人信息安全牺牲意愿也对使用意愿产生直接或间接的影响。刘影和范鹏飞（2016）建立了物联网应用的用户接受模型，并发现绩效期望、努力期望、社会影响、个体创新性以及感知风险五个变量对物联网用户使用意图具有直接的影响。吴标兵（2012）研究发现创新性、互动性、有用性感知、易用性感知、兼容性、社会因素将正向显著影响物联网用户接受度；隐私感知、成本感知将负向显著影响物联网用户接受度。苏婉、毕新华和王磊（2013）基于技术采纳与利用整合理论，提出了物联网的用户接受模型，指出了感知风险、绩效期望、努力期望、社会影响、便利条件等因素对用户使用意图的影响。

TOE 与 RFID 技术采纳研究。TOE 模型指出组织采纳技术受技术因素、组织因素和环境因素的广泛影响（Tornatzky & Fleischer，1990）。在应用 TOE 框架研究 RFID 技术采纳方面，面向医疗产业的研究发现技术因素中的兼容性、成本、安全性，组织因素中的高层管理支持、组织规模、技术知识，以及环境因素中的竞争压力、市场趋势有助于企业采纳 RFID 技术（Chong & Chan，2012）；王、王和杨（Wang，Wang & Yang，2010）对制造业的研究发现技术因素中的兼容性、组织因素中的组织规模以及环境因素中的竞争压力与伙伴压力有利于企业采纳 RFID 技术，而技术因素中的复杂性与环境因素中的信息强度不利于企业采纳 RFID 技术。阿德菲阿纳、黄、帕克和罗（Adhiarna，Hwang，Park & Rho，2013）对 TOE 模型做了拓展，具体来说，他们在将 RFID 技术采纳划分为初步、中间和成熟三个阶段的基础上，分别针对各个采纳阶段从国家、产业和组织三个层面识别出战略、技术、组织、人、环境五大方面的影响因素。彭红霞、徐贤浩和张予川（2013）从技术背景、组织特征和外部环境三大维度分析了影响企业采纳 RFID 的决定性因素，他们主张技术复杂性、技术兼容性、成本、标准不统一、组织准备、高管支持、IT 能力、环境不确定性、交易伙伴命令、竞争压力、政府支持和变革推动者是企业采纳 RFID 的主要因素。颜波、向伟和石平（2013）提出了物联网技术采纳影响因素的 TOE 模型并进行了实证分析，研究结果表明兼容性、感知效益、企业规模、高层支持、供应链企业间相互信任、技术知识、外部压力、政府支持对物联网技术的采纳有正向的显著影响，影响最大的是企业规模，影响最小的是外部压力；复杂性和成本对物联网技术的采纳有负向的显著影响，成本对物联网技术采纳的负向影响最大。

其他一些学者对物联网技术采纳也进行了研究。例如，恩盖、乔、普恩、陈、陈和吴（Ngai, Chau, Poon, Chan, Chan & Wu, 2012）从技术推动、需求拉动、其他因素三大方面识别出了 RFID 采纳的影响因素，其中技术推动方面的影响因素有相对优势、兼容性、复杂性、可扩展性、成本等；需求拉动方面的影响因素有竞争对手拉动、顾客拉动等；其他方面的影响因素有高层管理支持、技术供应商的支持、员工能力、组织过去的经验等。还有一些学者强调组织间的关系和依赖对组织采纳 RFID 技术的影响，具体来说，他们认为组织与其他组织间的信息共享和经验共享对组织采纳技术有着积极的影响（Chang, Hung, Yen & Chen, 2008）。类似地，本迪青、魏斯哈尔和斯马特（Bunduchi, Weisshaar & Smart, 2011）指出在组织间 RFID 采纳的研究中，信任是一个关键的关系变量；伙伴间缺乏信任将导致冲突，增加与创新采纳相关的成本。

不同于以上对 RFID 采纳影响因素的研究，李、菲德勒和史密斯（Lee, Fiedler & Smith, 2008）着重探讨了 RFID 采纳后的扩散问题。他们指出 RFID 采纳研究关注将 RFID 应用于在产品交付给顾客的过程中实现较好的产品追踪，即将 RFID 应用于物料的流动，尚未关注 RFID 作为一种改变服务提供方式的技术。而现实却是，许多服务组织并不关注具体、物质的产品。他们强调服务的一些特征如无形性、异质性、易逝性和同时性。因此，适合服务传递流程的 RFID 部署是顾客定位的、强调提升服务效益的（本质上是 B2C），而不是提升供应商效率的（本质上是 B2B）。这就导致出现 RFID 采纳的两种意图——聚焦提升供应商管理流程的效率以及提升面向顾客的服务的效益，相应地，RFID 采纳后的扩散模式也就不同，如图 2－1 所示。为此，李、菲德勒和史密斯（2008）基于 Porter 价值链，提出 RFID 两类扩散模式——面向供应商的扩散模式与面向顾客的扩散模式，前者侧重通过降低成本（如进货后勤和生产运营的成本）提高利润、后者侧重通过增加收入（主要借助出货后勤、营销/销售等价值活动）提高利润。在面向供应商的扩散模式中，RFID 采纳起始于进货后勤，目的是通过较好管理从供应商到企业的物料流从而降低成本，然后扩散到生产运营环节，如制造商的工厂制造、零售商的货架补货等。当然，在面向供应商的扩散模式中，RFID 应用也可超越进货后勤和生产运营环节向下游价值活动如出货后勤、销售营销等环节扩散，但它们的中心还是降低成本。面向顾客的扩散模式与面向供应商的扩散模式是相反的。在面向顾客的扩散模式中，RFID 的应用扩散路径是从前端的出货后勤到后端的生产运营再到后端的进货后勤。这种逆向扩散路径的重要价值在于组织部署技术时首先决定服务效益然后才是成本效率。在这种模式中，组织决定改变它的服务提供以至于顾客能够察觉这些服务的高价值，相应地，顾客满意和长期忠诚随之而来，最终带来收入和利润增长。这种模式的 RFID 应用扩散为企业提供了新的竞争战略，即不再聚焦成本和效率，而是聚焦为顾客提供新服务的能力。

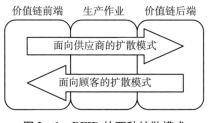

价值链前端　生产作业　价值链后端

面向供应商的扩散模式

面向顾客的扩散模式

图 2－1　RFID 的两种扩散模式

资料来源：李、菲德勒和史密斯（Lee, Fiedler & Smith, 2008），P. 590。

2.4　物联网商业模式

尽管数量不多，学者们已经开始了物联网商业模式研究，主要集中在类型研究上，代表性研究包括：

弗莱施（Fleisch，2010）从用户的角度识别出了 7 类物联网商业模式，分别为人工接近触发、自动接近触发、自动感应触发、自动化的产品安全、简单且直接的用户反馈、广泛的用户反馈、心态改变反馈。其中的人工接近触发，是最基本的也是众多应用中的一部分，例如，图书馆的自助借还、书籍盘点，大楼和运动场馆的门禁，基本的物品扫描，它的价值源自于有些智能物品能够稳固、迅速和方便地交流它们的名字，即它们独一无二的识别码。一旦这些智能物品距离热点够近，就能自动触发一次数据交换，比如付款流程、有效性检查或者是记录写入。其中的自动接近触发，是指当两件物品的物理距离突破临界点时，数据交换行为就会自动被触发。例如，当身份被标识的卡车、叉车、托盘、纸箱、在途货箱和消费品这些智能物品和能够感应它们的智能设备没有保持特定距离时，就会产生数据交换，比如账务记录更新、补货任务激活或安全警报响起。换句话说，物联网应用于加强物理邻近关系，从而创建全新的更好的商业过程。其中的自动感应触发，是指智能物体通过感应器搜集得到相应状态和环境中的多种数据（如温度、亮度、化学构成和生命信号），然后按照事先设定的程序做出反应。从整个供应链的状态监控到私人住宅的烟雾感应，从易坏产品的管理到红酒的生产，从建筑工程监管到山林火灾、地震的预警等，都有这种应用。自动感应触发使得局部（个体的）和迅速（基于事件的）的决策成为可能。它们快速地加强了处理过程的质量，从而更高效地做事。其中的自动化的产品安全，是诸如产地证明、防伪识别、产品属性、访问控制等应用的一部分，是指使用者遇到这些智能物品时可以验证其有效性，如质询—响应操作。其中的简单且直接的用户反馈，尽管物联网的神经末梢经常是非常小的、甚至是看不见的，但智能物体在动作发生的时候能够通过简单的机制反馈信息给人们。通常这样的反馈是为了让人放心，例如，产生一种蜂鸣提示音（也就是门禁识别出托盘的时候），又或者是产生视讯信号如 LED 闪光。在更娱乐化的针对客户的应用中，这种反馈体现为制造有趣的声音、触觉效果甚至气味。其中的广泛的用户反馈，把产出从简单的用户反馈拓展为更为丰富的服务。为了应对物联网最后路程的局限性，一台接近用户的计算机（通常是手机）必须作为一个通道，把智能物体与其主页或者是在此情景中其他和使用者有关联的网络资源连接起来。一个例子就是艺术品和古迹被贴上标签并被手机连上网，而世界各地的鉴赏家可以根据自己的需要选择不同的语言和解说的详细度和专业度，通过音频视频来了解它们。其中的心态改变反馈，主要是指通过不同的途径来帮助人们改进生活和行为。例如，盥洗室里喜剧人物有关的智能牙刷，能激发孩子和成人认真对待牙齿健康问题的意识；智能表应用能够告诉消费者用了多少水电，并告诉他该怎么做来省钱包里的钱并满足自己对于生态保护的愿望。又如，车主在汽车上装上类似于飞机黑匣子的行车记录仪，能够帮助还原事故过程，更为重要的是能够让车主谨慎驾驶，因为行车记录仪实实在在记录了行车过程，车主不可能改变数据来使其自己处于有利位置。

欧阳桃花和武光（2013）以 2 家代表性农业物联网企业为案例研究对象，以创造顾客所需的价值为主线，对比分析了农业物联网企业商业模式的内在逻辑，归纳了权变型和平衡型 2 种农业物联网商业模式类型，其中的平衡型商业模式是企业通过不断投入自身资源来实现商业目标，是将其已有的资源转换成新的资源；权变型商业模式是企业通过寻求外部资源的帮助来实现商业目标，是将其已有的资源与外部资源相结合来转换成新的资源。

路红艳（2012）探讨了物联网在流通领域应用的商业模式，主要包括三类：基于供应链管理的共赢商业模式，它的特点是大型零售企业与电信运营商、系统集成商以及物流企业、供货商合作，大型零售企业处于整个供应链管理的核心地位，电信运营商负责业务平台建设、网络运行和业务推广等，系统集成商负责商业系统的开发和集成，物流企业、供货商是零售企业的战略伙伴；基于行业共性平台的商业模式，它的特点是，以政府为主导，主要是地方政府部门，通过招标的方式，委托有条件的项目运营商建立传感终端、标志及开发业务应用，并由电信运营商负责相应的平台及推广业务应用，广大的中小流通企业可以通过政府的担保，参与到物联网平台应用中来；基于消费者需求的定制化商业模式，它的特点是电信运营商处于主导地位，它们自建平台，根据物流或零售企业的具体需求定制 M2M 业务，并应用到物流或零售企业的商业管理系统中，这种模式的好处在于灵活性大，能够在尽可能短的时间内快速响应消费者需求变化，更好地满足消费者的需求。

卡姆（2008）提出了建立在物联网基本技术 RFID 技术之上的 12 类商业模式，分别为：RFID 基础设施供应商、RFID 服务经纪人、基于 RFID 的安全提供商、RFID 数据销售者、信息和商业智能主体、智能设备制造商、RFID 服务顾问、RFID 社区、RFID 使能的付费扫描、RFID 使能的付费使用、价值链集成者以及 RFID 基础设施和管理服务供应商。其中的 RFID 基础设施供应商，是指那些 RFID 基础设施相关产品的批发商、零售商或分销商；其中的 RFID 服务经纪人，是指那些充分考虑顾客需求和风险并以最小成本提供最好 RFID 交易服务的企业；其中的基于 RFID 的安全提供商，是指那些基于 RFID 提供认证、品牌保护、篡改防范、假冒防范和盗窃防范等解决方案的企业；其中的 RFID 数据销售者，是指那些通过 RFID 收集数据并将数据转卖的企业；其中的信息和商业智能主体，是指那些充分利用数据挖掘技术分析 RFID 信息并提供商业智能解决方案的企业；其中的智能设备制造商，是指那些制造应用 RFID 技术的装备、货架、货柜的企业；其中的 RFID 服务顾问，是指那些提供 RFID 战略开发、应用解决方案、教育与培训等咨询服务的企业；其中的 RFID 社区，是指那些开发以及免费共享符合 EPC 全球标准的 RFID 软件的程序员社区；其中的 RFID 使能的付费扫描，是指那些提供 RFID 扫描服务的企业；其中的 RFID 使能的付费使用，是指那些在某个特定产业拥有 RFID 设备并供使用的企业；其中的价值链集成者，是指那些使用 RFID 集成价值链并带来价值增值的企业；其中的 RFID 基础设施和管理服务供应商，是指那些提供 RFID 标签、阅读器、传感器、打印机、应用平台、数据、集成服务、管理服务、API 和中间件等基础设施相关产品和解决方案的企业。

张云霞（2010）从运营商的角度总结了物联网的 4 类商业模式：通道型、合作型、自营型、定制型。通道型是指运营商只单纯提供网络连接服务，如 AT&T、中国移动；合作型是指运营商负责检验业务、进行业务推广以及计费收费，而由系统集成商开发业务和进行售后服务，如 SK 电讯、NTT；自营型是指运营商自行开发业务并直接提供给客户；定制型是指运营商根据客户的具体需求制定 M2M 业务，如 Orange、Vodafone。在这 4 类商业模式中，通道型与自营型是移动运营商主导运营的 2 种主要模式，合作型与定制型是系统集成服务商主导运营的 2 种主要模式。张云霞（2010）又进一步提出了由中国电信运营商主导的物联网产业可能存在的 4 种商业模式：间接提供网络连接，由系统集成商租用电信运营商网络，通过整体方案连带通道一起向用户提供业务；直接提供网络连接，由电信运营商向使用 M2M 业务的企业客户直接提供通道服务，而不通过系统集成商；合作开发、独立推广，运营商与系统集成商合作，系统集成商开发业务，电信运营商负责业务平台建设、网络运行、业务推广及收费；独立开发、独立推广，电信运营商自行搭建平台开发业务，直接提供给客户。岳中刚和吴昌耀（2013）持相同的观点。

王凯、范鹏飞和黄卫东（2013）指出物联网商业模式创新路径大概有两条：一条是以开发商业应用为核心；另一条是以攻克高端技术为核心。前者通过引进先进的技术，并进行应用层面的二次开发，力求将物联网应用做到完美，向最终客户提供整套的技术方案，满足用户的需求；后者则是通过研发高端核心技术，掌握话语权，以此获得丰厚的回报。进一步地，他们指出电信运营商能够选择的最佳路径应是以开发商业应用为核心，在此基础上形成两种物联网商业模式：一种是强强合作型的物联网商业模式，另一种是全能平台型的物联网商业模式。其中的强强合作型的物联网商业模式，主要面向细分市场中对通信服务质量需求较高的某些领域的集团业务市场。通过这种应用模式，电信运营商可以与领域内的领先企业联合，为行业客户提供更高质量的物联网通信服务，甚至可以实现对不同行业客户的差异化服务。其中的全能平台型的物联网商业模式，是电信运营商通过整合产业链形成物联网智能平台，提供端到端的物联网智能业务类应用，这是基于专用的物联网和智能平台，为各行业客户提供端到端的物联网应用服务模式。行业客户可以通过租用物联网终端来实现其所在行业的信息化应用。

吴义杰、张仲金、许盛和吴玮（2014）指出物联网产业化可以在以下几种模式中实现创新：政府主导下的 BOT 模式，即政府特许运营商自建物联网应用业务，待特许经营期满后移交给政府并由政府指定的专门机构负责运营；运营商主导下的通道兼合作模式，在该模式下，电信运营商提供物联网应用的共性平台，系统集成商与终端设备、通信设备提供商互相合作，提供与平台相配套的设备和服务，最终由电信运营商主导，面向用户提供完整的应用解决方案；"免费服务"模式，这种模式是指通过免费或者部分免费来吸纳客户，进而扩大客户收费范围，事实上，它是通过"先免费、后收费"，或"免你费，收他费"的方式来实现盈利的；电商平台模式，它是指通过基于互联网搭建 B2B2C 物联网电子商务平台来推进物联网的产业化，平台运营商既可以是电商企业也可以是物联网系统集成企业，在该平台上，不仅可发布项目信息、产品信息、企业信息、解决方案和中介服务信息等，而且可提供网上接单、产品交易、专家服务、资讯服务和其他特色服务。类似地，范鹏飞、朱蕊和黄卫东（2011）指出物联网发展可选的商业模式包括：政府 BOT 模式、通道兼合作模式、广告模式与自营模式。

陶冶（2010）从推动力量角度将物联网商业模式划分成 6 种类型：政府买单模式，是指政府为关系物联网发展的具有战略性、全局性、示范性的工程和一些公共服务、民生工程买单；免费模式，是指在物联网的产业发展初期，可以先通过免费服务吸引大量用户的关注和使用，并逐渐将其中的一部分升级为付费的 VIP，以更好的增值服务作为交换；运营商推动模式，是指电信运营商和软件服务运营商依据定位的客户市场和客户群体共性需求特征，充分利用传感技术和运营商的运营服务能力，形成智能终端或其他智能应用，广泛服务于大规模的用户群体；用户与厂商联合推动模式，这类应用的推动力量来自行业（领域）用户的业务需求，系统集成商或软件产品厂商作为系统的实施方，充分发挥自身技术优势，针对用户需求形成满足行业（领域）需要的智能化服务方案；垂直应用模式，这种模式高度标准化，与企业流程紧密结合，专业性强，业务门槛特别高，电力、石油、铁路等行业领域都可采取此种模式；行业共性平台模式，面向行业内很多大大小小的企业，建立公共平台进行支持和服务。

刘冰和黄以卫（2011）研究了物联网商业模式的参与主体，并在此基础上提出了基于价值网的物联网产业的商业模式，它是以物联网通信网络运营商为组织者，利用其自身的运营资源和业务能力，针对其目标市场寻找准确的价值定位，并以此为依据实现内、外部资源的整合，并以整合平台为媒介，连接其他市场参与者，建立起客户、物联网通信网络运营商、服务提供商和其他参与者共同创造价值的价值网络商业模式。在这种商业模式中，物联网通信网络运营商是价值网目标设计者，制定价值网目标，凭借其广泛的客户资源、强大的业务提供和整合能力，识别并定义目标细分市场，在准确理解和分析目标市场客户需求的基础上，围绕客户确定需要提供的目标产品和业务。在整个商业模式中，服务提供商、软件及业务平台提供商、设备供应商等都将为客户价值所驱动，充分体现出以客户为中心的思想。

郑淑蓉和吕庆华（2012）通过对物联网价值创造活动的全方位考察，提出了物联网产业商业模式的分析框架——三大构成模块和 5 个构成要素。三大构成模块即：业务运营模式、技术服务模式、资本投资模式。5 个构成要素就是描述了向哪些客户提供什么样的价值，即定位；潜在利益和收入来源，即盈利模式；各参与方及其角色、合作伙伴网络和关系资本等，即业务系统；如何在提供的价值中保持优势，即关键资源和能力；资本来源、资本使用等流动策略，即资金流。他们进一步指出物联网产业商业模式被描述成一个涉及所有商业活动主体、各种关系和完全流程的复杂的社会商业系统，建立含目标定位、运营模式、业务系统、联盟、核心产品、服务、客户和资金流等基本要素在内的完整的商业模式的统一整体，体现了有形资产和无形资产独特组合的创造价值获取利润的逻辑与方法。

雷雅琴和龚曼莉（2015）通过分析物联网商业模式中的物联网产业链、物联网价值模式、目标市场和营销方式以及物联网盈利模式四个方面，揭示了物联网商业模式体系的构建离不开物流、信息流、价值流与资金流的作用，进一步指出物流有利于物联网商业模式中各功能模块的集成，信息流是商业模式中主要的服务载体，价值流是商业模式运行的核心内容，而资金流则是推动商业模式运行的市场基础和产业发展驱动力。

第 3 章　物联网技术应用现状调查

3.1 物联网技术应用现状调查方法

本书采用问卷调查法收集数据，从而评估企业应用物联网技术的现状。本书选择已经应用物联网技术的企业作为被调查企业。进一步地，选择这些企业中的中高层管理人员（如总经理、信息主管、营销主管、办公室主任等）作为被调查人员，因为这些人员拥有充分的知识和信息（Lloréns Montes，Ruiz Moreno & García Morales，2005），能够正确评估企业应用物联网技术的情况。调查共计收集了两批数据。第一批数据为小样本数据，共计50份有效问卷，包括通过政府部门回收的23份有效问卷和通过电信运营商回收的27份有效问卷。第二批数据为大样本数据。为收集该批数据，共计发放问卷230份、回收问卷177份，其中：借助政府部门发放问卷97份、回收问卷72份；借助电信运营商发放问卷81份、回收问卷64份；借助个人关系网络发放问卷52份、回收问卷41份。在该批回收的177份问卷中，考虑题项漏填、规律性强、无物联网技术应用等因素，共计剔除35份无效问卷，最终得到142份有效问卷。两批样本共计192份有效问卷，这些样本的行业类型分布、企业规模分布与企业年龄分布分别如图3-1、图3-2与图3-3所示。

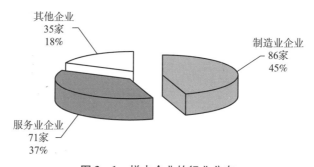

图 3-1 样本企业的行业分布

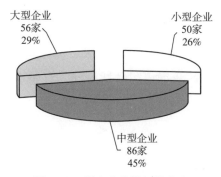

图 3 - 2　样本企业的规模分布

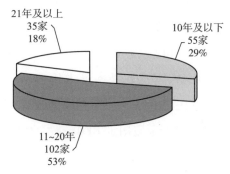

图 3 - 3　样本企业的年龄分布

如图 3 - 1 所示，192 份有效问卷涉及不同产业类型企业，其中：制造业企业（电子信息、汽车及其零部件、装备和设备、纺织服装和制鞋等）86 家（占比为 45%），服务业企业（物流和快递、批发和零售、软件和信息服务、住宿和餐饮等）71 家（占比为 37%），建筑等其他行业企业 35 家（占比为 18%）。

如图 3 - 2 所示，192 份有效问卷涉及不同规模企业，其中：小型企业 50 家（占比为 26%），中型企业 86 家（占比为 45%），大型企业 56 家（占比为 29%）。

如图 3 - 3 所示，192 份有效问卷涉及不同年龄企业，其中：年龄处于 10 年及其以下的企业 55 家（占比为 29%），年龄处于 11 ~ 20 年的企业 102 家

（占比为53%），年龄处于21年及其以上的企业35家（占比为18%）。

3.2 企业物联网技术应用类型分析

3.2.1 总体情况

视频监控技术、条码技术、智能卡技术、传感器技术与RFID技术是192家被调查企业应用频次最高的五种物联网技术。被调查企业应用它们的情况如图3-4所示，具体来看：142家被调查企业应用了视频监控技术（占比为74%）；129家被调查企业应用了条码技术（占比为67%）；124家被调查企业应用了智能卡技术（占比为65%）；96家被调查企业应用了传感器技术（占比为50%）；81家被调查企业应用了RFID技术（占比为42%）。

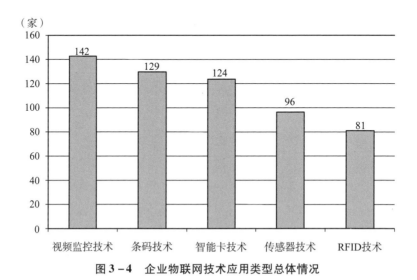

图3-4 企业物联网技术应用类型总体情况

3.2.2 按行业类型分析

86 家被调查的制造业企业应用物联网技术情况如图 3 - 5 所示。具体来说，64 家制造业企业应用了视频监控技术（占比为 74%）；54 家制造业企业应用了条码技术（占比为 63%）；52 家制造业企业应用了智能卡技术（占比为 61%）；30 家制造业企业应用了传感器技术（占比为 35%）；27 家制造业企业应用了 RFID 技术（占比为 31%）。

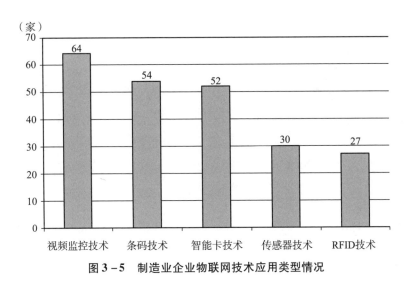

图 3 - 5 制造业企业物联网技术应用类型情况

71 家被调查的服务业企业应用物联网技术情况如图 3 - 6 所示。具体来说，55 家服务业企业应用了视频监控技术（占比为 78%）；59 家服务业企业应用了条码技术（占比为 83%）；50 家服务业企业应用了智能卡技术（占比为 70%）；49 家服务业企业应用了传感器技术（占比为 69%）；37 家服务业企业应用了 RFID 技术（占比为 52%）。

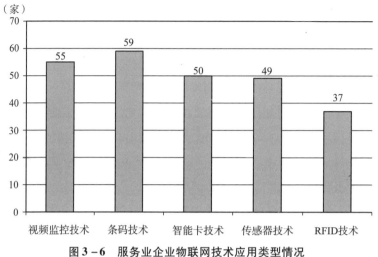

图3-6 服务业企业物联网技术应用类型情况

35家被调查的其他行业企业应用物联网技术情况如图3-7所示。具体来说，23家企业应用了视频监控技术（占比为66%）；16家企业应用了条码技术（占比为46%）；22家企业应用了智能卡技术（占比为63%）；17家企业应用了传感器技术（占比为49%）；17家企业应用了RFID技术（占比为49%）。

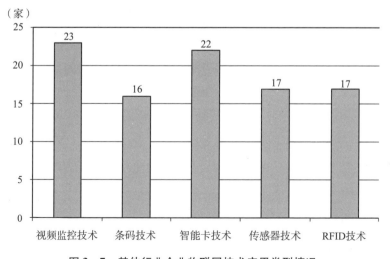

图3-7 其他行业企业物联网技术应用类型情况

3.2.3 按企业规模分析

50 家被调查的小型企业应用物联网技术情况如图 3 - 8 所示。具体来说，33 家小型企业应用了视频监控技术（占比为 66%）；19 家小型企业应用了条码技术（占比为 38%）；33 家小型企业应用了智能卡技术（占比为 66%）；12 家小型企业应用了传感器技术（占比为 24%）；12 家小型企业应用了 RFID 技术（占比为 24%）。

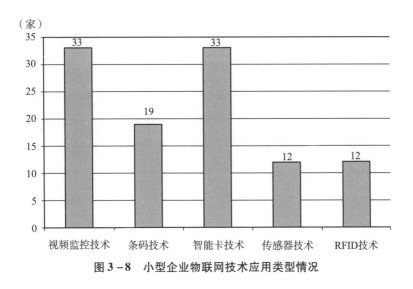

图 3 - 8　小型企业物联网技术应用类型情况

86 家被调查的中型企业应用物联网技术情况如图 3 - 9 所示。具体来说，62 家中型企业应用了视频监控技术（占比为 72%）；64 家中型企业应用了条码技术（占比为 74%）；58 家中型企业应用了智能卡技术（占比为 67%）；49 家中型企业应用了传感器技术（占比为 57%）；43 家中型企业应用了 RFID 技术（占比为 50%）。

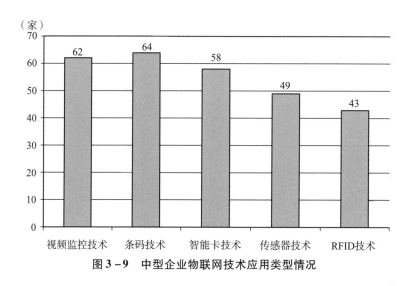

图 3 - 9　中型企业物联网技术应用类型情况

　　56 家被调查的大型企业应用物联网技术情况如图 3 - 10 所示。具体来说，47 家大型企业应用了视频监控技术（占比为 84%）；46 家大型企业应用了条码技术（占比为 82%）；33 家大型企业应用了智能卡技术（占比为 59%）；35 家大型企业应用了传感器技术（占比为 63%）；26 家大型企业应用了 RFID 技术（占比为 46%）。

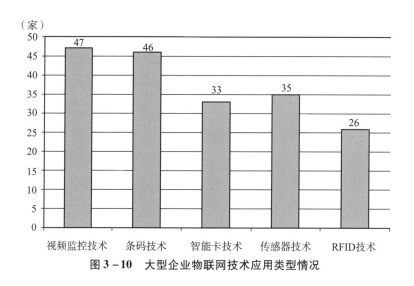

图 3 - 10　大型企业物联网技术应用类型情况

3.2.4 按企业年龄分析

55 家年龄处于 10 年及其以下企业的物联网技术应用情况如图 3 – 11 所示。具体来说，44 家企业应用了视频监控技术（占比为 80%）；36 家企业应用了条码技术（占比为 66%）；34 家企业应用了智能卡技术（占比为 62%）；29 家企业应用了传感器技术（占比为 53%）；25 家企业应用了 RFID 技术（占比为 46%）。

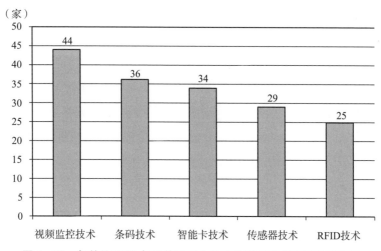

图 3 – 11　年龄处于 10 年及其以下企业的物联网技术应用类型情况

102 家年龄处于 11~20 年企业的物联网技术应用情况如图 3 – 12 所示。具体来说，69 家企业应用了视频监控技术（占比为 68%）；68 家企业应用了条码技术（占比为 67%）；68 家企业应用了智能卡技术（占比为 67%）；47 家企业应用了传感器技术（占比为 46%）；39 家企业应用了 RFID 技术（占比为 38%）。

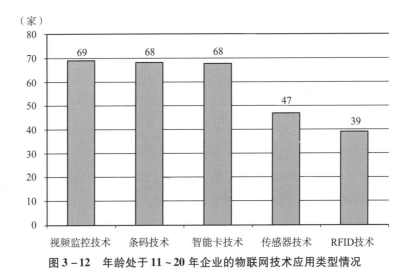

图 3-12　年龄处于 11~20 年企业的物联网技术应用类型情况

35 家年龄处于 21 年及其以上企业的物联网技术应用情况如图 3-13 所示。具体来说，29 家企业应用了视频监控技术（占比为 83%）；25 家企业应用了条码技术（占比为 71%）；22 家企业应用了智能卡技术（占比为 63%）；20 家企业应用了传感器技术（占比为 57%）；17 家企业应用了 RFID 技术（占比为 49%）。

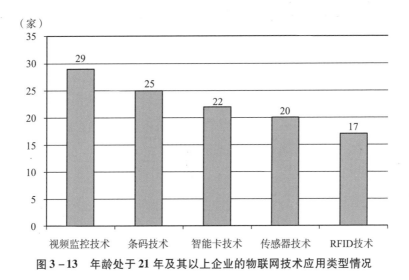

图 3-13　年龄处于 21 年及其以上企业的物联网技术应用类型情况

3.3　企业物联网技术应用效果分析

为了调查企业物联网技术应用效果，本书在第 3.1 节问卷调查中邀请被调查企业对物联网技术在产品改进和创新、流程改进和创新以及供应链管理中的应用效果进行 7 级分值评价，其中评价分值从 1 分到 7 分表示物联网技术应用效果从非常不好到非常好过渡。

3.3.1　总体情况

192 家被调查企业对物联网技术在产品改进和创新中应用效果的评价如图 3 – 14 所示。具体来说，39 家企业给予的评分小于等于 3 分，即认为应用效果不好（占比为 20%）；123 家企业给予的评分为 4 分或 5 分，即认为应用效果一般（占比为 64%）；30 家企业给予的评分为 6 分或 7 分，即认为应用效果很好（占比为 16%）。

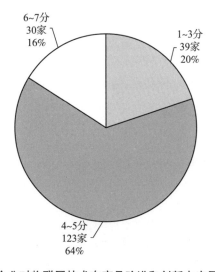

图 3 – 14　企业对物联网技术在产品改进和创新中应用效果的评价

192 家被调查企业对物联网技术在流程改进和创新中应用效果的评价如图 3 – 15 所示。具体来说，34 家企业给予的评分小于等于 3 分，即认为应用效果不好（占比为 18%）；129 家企业给予的评分为 4 分或 5 分，即认为应用效果一般（占比为 67%）；29 家企业给予的评分为 6 分或 7 分，即认为应用效果很好（占比为 15%）。

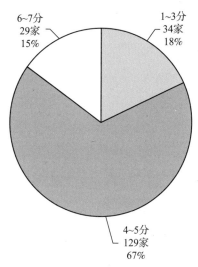

图 3 – 15　企业对物联网技术在流程改进和创新中应用效果的评价

192 家被调查企业对物联网技术在供应链管理中应用效果的评价如图 3 – 16 所示。具体来说，37 家企业给予的评分小于等于 3 分，即认为应用效果不好（占比为 19%）；126 家企业给予的评分为 4 分或 5 分，即认为应用效果一般（占比为 66%）；29 家企业给予的评分为 6 分或 7 分，即认为应用效果很好（占比为 15%）。

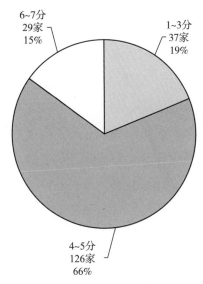

图 3 - 16 企业对物联网技术在供应链管理中应用效果的评价

3.3.2 按行业类型分析

3.3.2.1 制造业企业应用效果分析

86 家被调查的制造业企业对物联网技术在产品改进和创新中应用效果的评价如图 3 - 17 所示。具体来说，19 家企业给予的评分小于等于 3 分，即认为应用效果不好（占比为 22%）；56 家企业给予的评分为 4 分或 5 分，即认为应用效果一般（占比为 65%）；11 家企业给予的评分为 6 分或 7 分，即认为应用效果很好（占比为 13%）。

86 家被调查的制造业企业对物联网技术在流程改进和创新中应用效果的评价如图 3 - 18 所示。具体来说，19 家企业给予的评分小于等于 3 分，即认为应用效果不好（占比为 22%）；57 家企业给予的评分为 4 分或 5 分，即认为应用效果一般（占比为 66%）；10 家企业给予的评分为 6 分或 7 分，即认为应用效果很好（占比为 12%）。

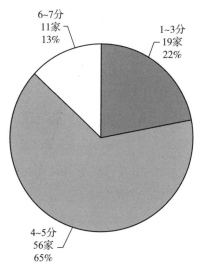

图 3 – 17　制造业企业对物联网技术在产品改进和创新中应用效果的评价

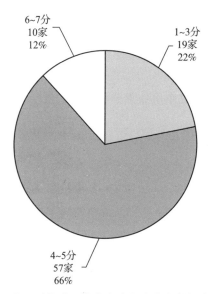

图 3 – 18　制造业企业对物联网技术在流程改进和创新中应用效果的评价

　　86 家被调查的制造业企业对物联网技术在供应链管理中应用效果的评价如图 3 – 19 所示。具体来说，19 家企业给予的评分小于等于 3 分，即认为应用效果不好（占比为22%）；56 家企业给予的评分为 4 分或 5 分，即认为应用效果一般（占比为65%）；11 家企业给予的评分为 6 分或 7 分，即认为应用效果很好（占比为13%）。

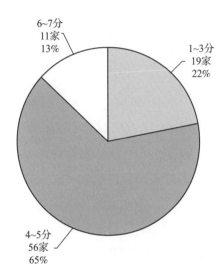

图 3 – 19　制造业企业对物联网技术在供应链管理中应用效果的评价

3.3.2.2　服务业企业应用效果分析

71 家被调查的服务业企业对物联网技术在产品改进和创新中应用效果的评价如图 3 – 20 所示。具体来说，12 家企业给予的评分小于等于 3 分，即认为应用效果不好（占比为17%）；49 家企业给予的评分为 4 分或 5 分，即认为应用效果一般（占比为69%）；10 家企业给予的评分为 6 分或 7 分，即认为应用效果很好（占比为14%）。

71 家被调查的服务业企业对物联网技术在流程改进和创新中应用效果的评价如图 3 – 21 所示。具体来说，8 家企业给予的评分小于等于 3 分，即认为应用效果不好（占比为11%）；52 家企业给予的评分为 4 分或 5 分，即认为应用效果一般（占比为73%）；11 家企业给予的评分为 6 分或 7 分，即认为应用效果很好（占比为16%）。

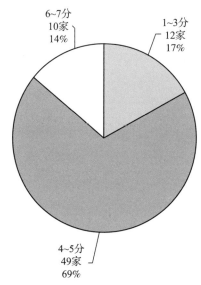

图3－20　服务业企业对物联网技术在产品改进和创新中应用效果的评价

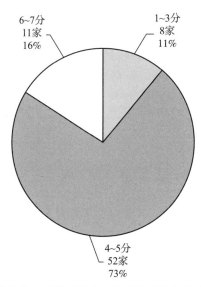

图3－21　服务业企业对物联网技术在流程改进和创新中应用效果的评价

71 家被调查的服务业企业对物联网技术在供应链管理中应用效果的评价如图 3 - 22 所示。具体来说，11 家企业给予的评分小于等于 3 分，即认为应用效果不好（占比为 16%）；50 家企业给予的评分为 4 分或 5 分，即认为应用效果一般（占比为 70%）；10 家企业给予的评分为 6 分或 7 分，即认为应用效果很好（占比为 14%）。

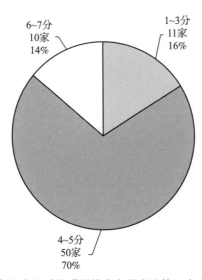

图 3 - 22　服务业企业对物联网技术在供应链管理中应用效果的评价

3.3.3　按企业规模分析

3.3.3.1　小型企业应用效果分析

50 家被调查的小型企业对物联网技术在产品改进和创新中应用效果的评价如图 3 - 23 所示。具体来说，8 家企业给予的评分小于等于 3 分，即认为应用效果不好（占比为 16%）；33 家企业给予的评分为 4 分或 5 分，即认为应用效果一般（占比为 66%）；9 家企业给予的评分为 6 分或 7 分，即认为应用效果很好（占比为 18%）。

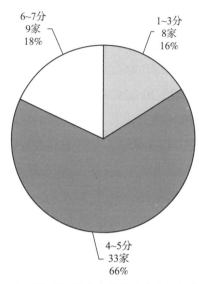

图 3 – 23　小型企业对物联网技术在产品改进和创新中应用效果的评价

50 家被调查的小型企业对物联网技术在流程改进和创新中应用效果的评价如图 3 – 24 所示。具体来说，5 家企业给予的评分小于等于 3 分，即认为

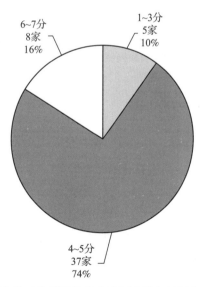

图 3 – 24　小型企业对物联网技术在流程改进和创新中应用效果的评价

应用效果不好（占比为 10%）；37 家企业给予的评分为 4 分或 5 分，即认为应用效果一般（占比为 74%）；8 家企业给予的评分为 6 分或 7 分，即认为应用效果很好（占比为 16%）。

　　50 家被调查的小型企业对物联网技术在供应链管理中应用效果的评价如图 3 - 25 所示。具体来说，7 家企业给予的评分小于等于 3 分，即认为应用效果不好（占比为 14%）；33 家企业给予的评分为 4 分或 5 分，即认为应用效果一般（占比为 66%）；10 家企业给予的评分为 6 分或 7 分，即认为应用效果很好（占比为 20%）。

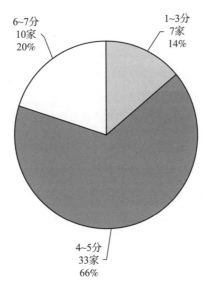

图 3 - 25　小型企业对物联网技术在供应链管理中应用效果的评价

3.3.3.2　中型企业应用效果分析

　　86 家被调查的中型企业对物联网技术在产品改进和创新中应用效果的评价如图 3 - 26 所示。具体来说，19 家企业给予的评分小于等于 3 分，即认为应用效果不好（占比为 22%）；55 家企业给予的评分为 4 分或 5 分，即认为应用效果一般（占比为 64%）；12 家企业给予的评分为 6 分或 7 分，即认为应用效果很好（占比为 14%）。

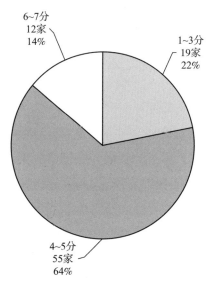

图 3 – 26   中型企业对物联网技术在产品改进和创新中应用效果的评价

86 家被调查的中型企业对物联网技术在流程改进和创新中应用效果的评价如图 3 – 27 所示。具体来说，15 家企业给予的评分小于等于 3 分，即认为应用效果不好（占比为 17%）；60 家企业给予的评分为 4 分或 5 分，即认为应用效果一般（占比为 70%）；11 家企业给予的评分为 6 分或 7 分，即认为应用效果很好（占比为 13%）。

86 家被调查的中型企业对物联网技术在供应链管理中应用效果的评价如图 3 – 28 所示。具体来说，17 家企业给予的评分小于等于 3 分，即认为应用效果不好（占比为 20%）；58 家企业给予的评分为 4 分或 5 分，即认为应用效果一般（占比为 67%）；11 家企业给予的评分为 6 分或 7 分，即认为应用效果很好（占比为 13%）。

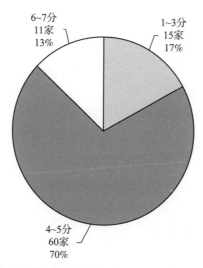

图 3 – 27 中型企业对物联网技术在流程改进和创新中应用效果的评价

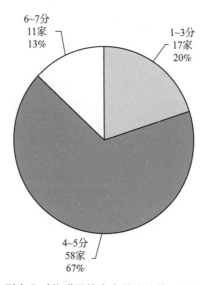

图 3 – 28 中型企业对物联网技术在供应链管理中应用效果的评价

3.3.3.3 大型企业应用效果分析

56 家被调查的大型企业对物联网技术在产品改进和创新中应用效果的评

价如图 3 - 29 所示。具体来说，12 家企业给予的评分小于等于 3 分，即认为应用效果不好（占比为 21%）；35 家企业给予的评分为 4 分或 5 分，即认为应用效果一般（占比为 63%）；9 家企业给予的评分为 6 分或 7 分，即认为应用效果很好（占比为 16%）。

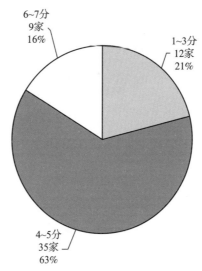

图 3 - 29　大型企业对物联网技术在产品改进和创新中应用效果的评价

56 家被调查的大型企业对物联网技术在流程改进和创新中应用效果的评价如图 3 - 30 所示。具体来说，14 家企业给予的评分小于等于 3 分，即认为应用效果不好（占比为 25%）；32 家企业给予的评分为 4 分或 5 分，即认为应用效果一般（占比为 57%）；10 家企业给予的评分为 6 分或 7 分，即认为应用效果很好（占比为 18%）。

56 家被调查的大型企业对物联网技术在供应链管理中应用效果的评价如图 3 - 31 所示。具体来说，13 家企业给予的评分小于等于 3 分，即认为应用效果不好（占比为 23%）；35 家企业给予的评分为 4 分或 5 分，即认为应用效果一般（占比为 63%）；8 家企业给予的评分为 6 分或 7 分，即认为应用效果很好（占比为 14%）。

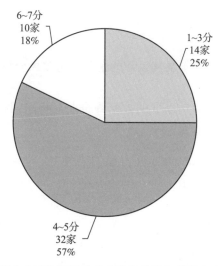

图 3-30 大型企业对物联网技术在流程改进和创新中应用效果的评价

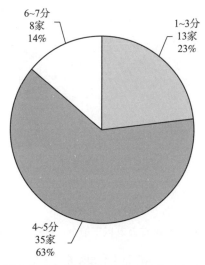

图 3-31 大型企业对物联网技术在供应链管理中应用效果的评价

3.3.4　按企业年龄分析

3.3.4.1　年龄为 10 年及其以下的企业应用效果分析

55 家年龄为 10 年及其以下的被调查企业对物联网技术在产品改进和创新中应用效果的评价如图 3 - 32 所示。具体来说，11 家企业给予的评分小于等于 3 分，即认为应用效果不好（占比为 20%）；36 家企业给予的评分为 4 分或 5 分，即认为应用效果一般（占比为 65%）；8 家企业给予的评分为 6 分或 7 分，即认为应用效果很好（占比为 15%）。

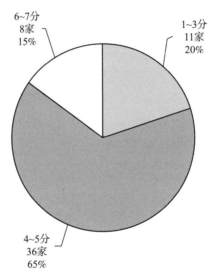

图 3 - 32　年龄为 10 年及其以下的企业对物联网技术在产品

改进和创新中应用效果的评价

55 家年龄为 10 年及其以下的被调查企业对物联网技术在流程改进和创

新中应用效果的评价如图 3 - 33 所示。具体来说，9 家企业给予的评分小于等于 3 分，即认为应用效果不好（占比为 16%）；39 家企业给予的评分为 4 分或 5 分，即认为应用效果一般（占比为 71%）；7 家企业给予的评分为 6 分或 7 分，即认为应用效果很好（占比为 13%）。

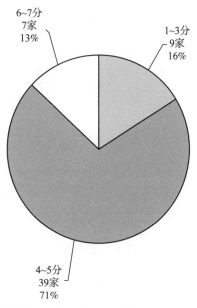

图 3 - 33　年龄为 10 年及其以下的企业对物联网技术在流程改进和创新中应用效果的评价

55 家年龄为 10 年及其以下的被调查企业对物联网技术在供应链管理中应用效果的评价如图 3 - 34 所示。具体来说，12 家企业给予的评分小于等于 3 分，即认为应用效果不好（占比为 22%）；35 家企业给予的评分为 4 分或 5 分，即认为应用效果一般（占比为 64%）；8 家企业给予的评分为 6 分或 7 分，即认为应用效果很好（占比为 14%）。

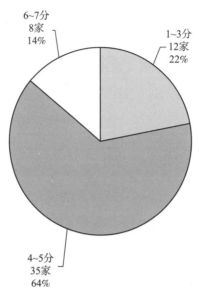

图 3－34　年龄为 10 年及其以下的企业对物联网技术在

供应链管理中应用效果的评价

3.3.4.2　年龄为 11～20 年的企业应用效果分析

102 家年龄为 11～20 年的被调查企业对物联网技术在产品改进和创新中应用效果的评价如图 3－35 所示。具体来说，23 家企业给予的评分小于等于 3 分，即认为应用效果不好（占比为 22%）；65 家企业给予的评分为 4 分或 5 分，即认为应用效果一般（占比为 64%）；14 家企业给予的评分为 6 分或 7 分，即认为应用效果很好（占比为 14%）。

102 家年龄为 11～20 年的被调查企业对物联网技术在流程改进和创新中应用效果的评价如图 3－36 所示。具体来说，18 家企业给予的评分小于等于 3 分，即认为应用效果不好（占比为 18%）；70 家企业给予的评分为 4 分或 5 分，即认为应用效果一般（占比为 68%）；14 家企业给予的评分为 6 分或 7 分，即认为应用效果很好（占比为 14%）。

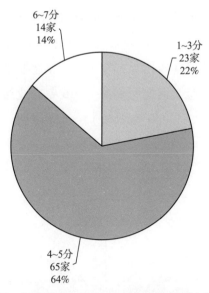

图 3 – 35　年龄为 11 ~ 20 年的企业对物联网技术在产品
改进和创新中应用效果的评价

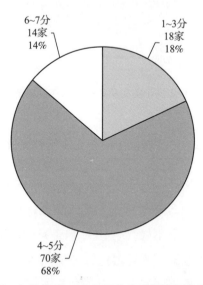

图 3 – 36　年龄为 11 ~ 20 年的企业对物联网技术在流程
改进和创新中应用效果的评价

102 家年龄为 11~20 年的被调查企业对物联网技术在供应链管理中应用效果的评价如图 3－37 所示。具体来说，17 家企业给予的评分小于等于 3 分，即认为应用效果不好（占比为 17%）；69 家企业给予的评分为 4 分或 5 分，即认为应用效果一般（占比为 67%）；16 家企业给予的评分为 6 分或 7 分，即认为应用效果很好（占比为 16%）。

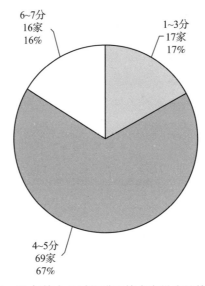

图 3－37　年龄为 11~20 年的企业对物联网技术在供应链管理中应用效果的评价

3.3.4.3　年龄为 21 年及其以上的企业应用效果分析

35 家年龄为 21 年及其以上的被调查企业对物联网技术在产品改进和创新中应用效果的评价如图 3－38 所示。具体来说，5 家企业给予的评分小于等于 3 分，即认为应用效果不好（占比为 14%）；22 家企业给予的评分为 4 分或 5 分，即认为应用效果一般（占比为 63%）；8 家企业给予的评分为 6 分或 7 分，即认为应用效果很好（占比为 23%）。

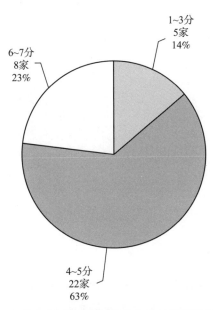

图 3 – 38   年龄为 21 年及其以上的企业对物联网技术在产品

改进和创新中应用效果的评价

35 家年龄为 21 年及其以上的被调查企业对物联网技术在流程改进和创新中应用效果的评价如图 3 – 39 所示。具体来说，7 家企业给予的评分小于等于 3 分，即认为应用效果不好（占比为 20%）；20 家企业给予的评分为 4 分或 5 分，即认为应用效果一般（占比为 57%）；8 家企业给予的评分为 6 分或 7 分，即认为应用效果很好（占比为 23%）。

35 家年龄为 21 年及其以上的被调查企业对物联网技术在供应链管理中应用效果的评价如图 3 – 40 所示。具体来说，8 家企业给予的评分小于等于 3 分，即认为应用效果不好（占比为 23%）；22 家企业给予的评分为 4 分或 5 分，即认为应用效果一般（占比为 63%）；5 家企业给予的评分为 6 分或 7 分，即认为应用效果很好（占比为 14%）。

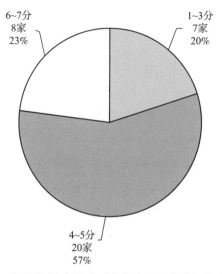

图 3 - 39　年龄为 21 年及其以上的企业对物联网技术在流程

改进和创新中应用效果的评价

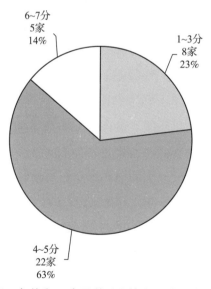

图 3 - 40　年龄为 21 年及其以上的企业对物联网技术在

供应链管理中应用效果的评价

3.4 企业物联网技术应用对比分析

3.4.1 企业物联网技术应用类型对比分析

首先，图 3-41 所示的制造业企业与服务业企业物联网技术应用类型情况对比分析结果显示，相比制造业企业，服务业企业应用视频监控技术、条码技术、智能卡技术、传感器技术与 RFID 技术等物联网技术的比例更高。具体来说，制造业企业应用视频监控技术、条码技术、智能卡技术、传感器技术与 RFID 技术的比例分别为 74%、63%、61%、35% 与 31%，而服务业企业应用视频监控技术、条码技术、智能卡技术、传感器技术与 RFID 技术的比例分别为 78%、83%、70%、69% 与 52%。可见，服务业企业应用比例要高于制造业企业应用比例。

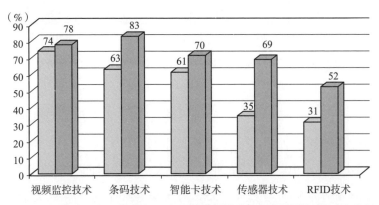

图 3-41 制造业企业与服务业企业物联网技术应用类型情况的对比分析

其次，图 3-42 所示的不同规模企业物联网技术应用类型情况对比分析结果显示，中型企业与大型企业应用视频监控技术、条码技术、智能卡技术、传感器技术与 RFID 技术等物联网技术的比例显著高于小型企业的比例，说明物联网技术应用总体上与企业规模呈正相关性。具体来看，小型企业应用视频监控技术、条码技术、智能卡技术、传感器技术与 RFID 技术的比例分别为 66%、38%、66%、24%、24%，而中型企业与大型企业应用这些物联网技术的比例分别为 72% 与 84%、74% 与 82%、67% 与 59%、57% 与 63%、50% 与 46%。但就中型企业与大型企业相比，大型企业应用物联网技术的比例并不总是大于中型企业的比例，例如在应用智能卡技术与 RFID 技术方面，大型企业应用的比例就小于中型企业应用的比例。

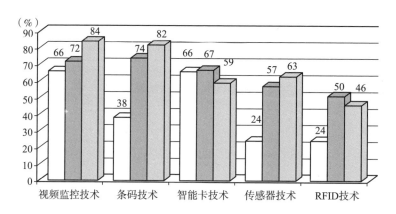

图 3-42　不同规模企业物联网技术应用类型情况的对比分析

　　最后，图 3-43 所示的不同年龄企业物联网技术应用类型情况对比分析结果显示，在视频监控技术、传感器技术与 RFID 技术应用方面，年龄小（成立时间小于等于 10 年）的企业与年龄大（成立时间大于等于 21 年）的企业的比例分别为 80% 与 83%、53% 与 57%、46% 与 49%，大于年龄中等企业（成立时间处于 11～20 年区间）的 68%、46% 与 38% 的比例；而在智能卡技术应用方面，年龄中等企业的比例为 67%，分别大于年龄小与年龄大企业的 62%、63%；在条码技术应用方面，年龄大的企业的比例最大，为

71%，年龄中等的企业的比例次之，为 67%，年龄小的企业的比例最小，为 66%。

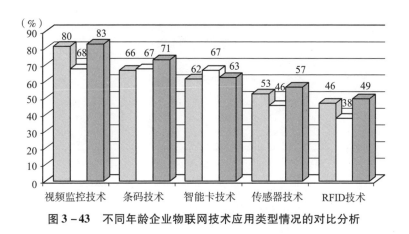

图 3 – 43　不同年龄企业物联网技术应用类型情况的对比分析

3.4.2　企业物联网技术应用效果对比分析

3.4.2.1　制造业企业与服务业企业物联网技术应用效果对比分析

总体来看，相比于制造业企业，服务业企业应用的物联网技术在产品改进和创新、流程改进和创新以及供应链管理中的效果要好。

首先，图 3 – 44 所示的制造业企业与服务业企业对物联网技术在产品改进和创新中应用效果评价的对比分析结果显示，服务业企业的应用效果要好于制造业企业的应用效果。具体来看，在对应用效果做出"差评"（评价分值小于等于 3 分）的企业中，制造业企业与服务业企业的比例分别为 22% 与17%；在对应用效果做出"中评"（评价分值为 4 分或 5 分）的企业中，制造业企业与服务业企业的比例分别为 65% 与 69%；在对应用效果做出"好评"（评价分值为 6 分或 7 分）的企业中，制造业企业与服务业企业的比例分别为 13% 与 14%。

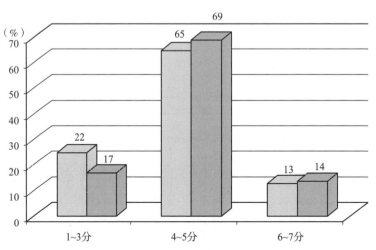

图3-44 制造业企业与服务业企业对物联网技术在产品改进和
创新中应用效果评价的对比分析

其次，图3-45所示的制造业企业与服务业企业对物联网技术在流程改
进和创新中应用效果评价的对比分析结果显示，服务业企业的应用效果要好
于制造业企业的应用效果，这种结果与这些企业对物联网技术在产品改进和
创新中应用效果评价的对比分析结果一致。具体来看，在对应用效果做出
"差评"的企业中，制造业企业与服务业企业的比例分别为22%与11%；在
对应用效果做出"中评"的企业中，制造业企业与服务业企业的比例分别为
66%与73%；在对应用效果做出"好评"的企业中，制造业企业与服务业企
业的比例分别为12%与16%。

最后，图3-46所示的制造业企业与服务业企业对物联网技术在供应链
管理中应用效果评价的对比分析结果显示，服务业企业的应用效果要好于制
造业企业的应用效果。具体来看，在对应用效果做出"差评"的企业中，制
造业企业与服务业企业的比例分别为22%与16%；在对应用效果做出"中
评"的企业中，制造业企业与服务业企业的比例分别为65%与70%；在对应
用效果做出"好评"的企业中，制造业企业与服务业企业的比例分别为13%
与14%。

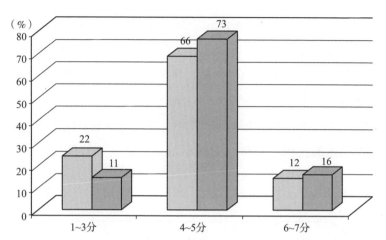

图 3 - 45 制造业企业与服务业企业对物联网技术在流程改进和
创新中应用效果评价的对比分析

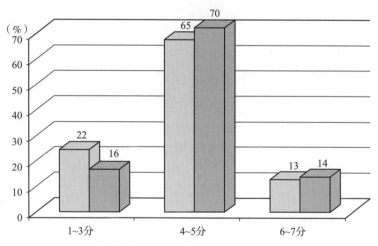

图 3 - 46 制造业企业与服务业企业对物联网技术在供应链
管理中应用效果评价的对比分析

3.4.2.2 不同规模企业物联网技术应用效果对比分析

首先，图 3 - 47 所示的不同规模企业对物联网技术在产品改进和创新中应用效果评价的对比分析结果显示，中型企业的应用效果要低于小型企业与大型企业的效果。具体来看，在对应用效果做出"差评"的企业中，中型企业的比例为22%，分别大于小型企业16%的比例与大型企业21%的比例；在对应用效果做出"中评"的企业中，中型企业的比例为64%，小于小型企业66%的比例、略高于大型企业63%的比例；在对应用效果做出"好评"的企业中，中型企业的比例为14%，分别小于小型企业18%的比例与大型企业16%的比例。

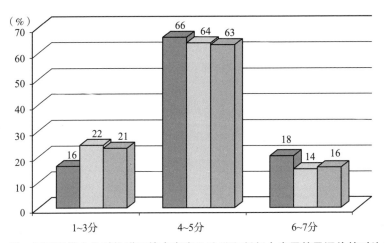

图3-47　不同规模企业对物联网技术在产品改进和创新中应用效果评价的对比分析

其次，图3-48所示的不同规模企业对物联网技术在流程改进和创新中应用效果评价的对比分析结果显示，总体上小型企业的应用效果要优于中型企业与大型企业的效果。具体来看，在对应用效果做出"差评"的企业中，小型企业的比例最低，为10%，分别低于中型企业17%与大型企业25%的比例；在对应用效果做出"中评"的企业中，小型企业的比例最高，为74%，分别高于中型企业70%与大型企业57%的比例；在对应用效果做出"好评"的企业中，小型企业的比例为16%，虽然小于大型企业18%的比例但高于中型企业13%的比例。

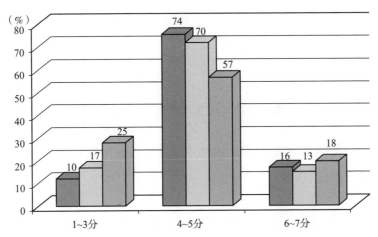

图 3－48　不同规模企业对物联网技术在流程改进和创新中应用效果评价的对比分析

最后，图 3－49 所示的不同规模企业对物联网技术在供应链管理中应用效果评价的对比分析结果显示，总体上小型企业的应用效果要优于中型企业与大型企业的效果。具体来看，在对应用效果做出"差评"的企业中，小型企业的比例最低，为 14%，分别低于中型企业 20% 与大型企业 23% 的比例；在对应用效果做出"中评"的企业中，小型企业的比例为 66%，虽然小于中

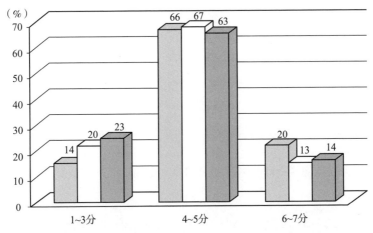

图 3－49　不同规模企业对物联网技术在供应链管理中应用效果评价的对比分析

型企业67%的比例但高于大型企业63%的比例；在对应用效果做出"好评"的企业中，小型企业的比例最高，为20%，分别高于中型企业13%与大型企业14%的比例。

3.4.2.3 不同年龄企业物联网技术应用效果对比分析

首先，图3－50所示的不同年龄企业对物联网技术在产品改进和创新中应用效果评价的对比分析结果显示，总体上中等年龄企业的应用效果要低于年龄小的企业与年龄大的企业的效果。具体来看，在对应用效果做出"差评"的企业中，中等年龄企业的比例为22%，分别大于年龄小的企业20%的比例与年龄大的企业14%的比例；在对应用效果做出"中评"的企业中，中等年龄企业的比例为64%，小于年龄小的企业65%的比例、略高于年龄大的企业63%的比例；在对应用效果做出"好评"的企业中，中等年龄企业的比例为14%，分别小于年龄小的企业15%的比例与年龄大的企业23%的比例。

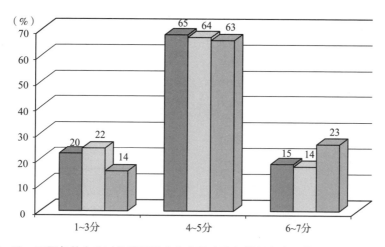

图3－50 不同年龄企业对物联网技术在产品改进和创新中应用效果评价的对比分析

其次，图3－51所示的不同年龄企业对物联网技术在流程改进和创新中应用效果评价的对比分析结果显示，各类企业的应用效果差异不是特别明显。

具体来看，在对应用效果做出"差评"的企业中，尽管年龄小的企业的比例小于年龄大的企业的比例，这似乎预示着年龄小的企业的应用效果要好于年龄大的企业的应用效果，但在对应用效果做出"好评"的企业中，年龄小的企业的比例也小于年龄大的企业的比例，这似乎又预示着年龄小的企业的应用效果要低于年龄大的企业的应用效果，而年龄中等企业的应用效果始终介于年龄小的企业的应用效果与年龄大的企业的应用效果之间。

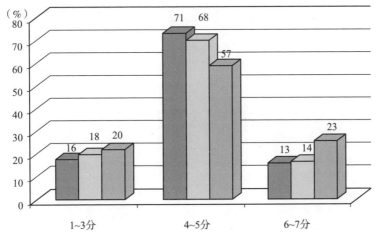

图 3 – 51 不同年龄企业对物联网技术在流程改进和创新中应用效果评价的对比分析

最后，图 3 – 52 所示的不同年龄企业对物联网技术在供应链管理中应用效果评价的对比分析结果显示，中等年龄企业的应用效果要好于年龄小的企业与年龄大的企业的效果。具体来看，在对应用效果做出"差评"的企业中，中等年龄企业的比例为 17%，分别小于年龄小的企业 22% 的比例与年龄大的企业 23% 的比例；在对应用效果做出"中评"的企业中，中等年龄企业的比例为 67%，分别大于年龄小的企业 64% 的比例与年龄大的企业 63% 的比例；在对应用效果做出"好评"的企业中，中等年龄企业的比例为 16%，分别大于年龄小的企业 14% 的比例与年龄大的企业 14% 的比例。

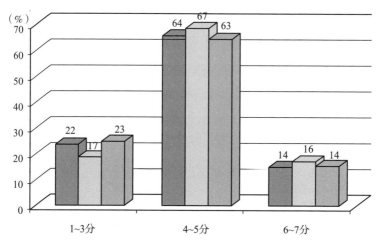

图 3-52 不同年龄企业对物联网技术在供应链管理中应用效果评价的对比分析

第4章　基于画布模型的物联网商业模式构成要素

4.1 商业模式画布模型与商业模式构成要素

奥斯特瓦德和皮尼厄（Osterwalder & Pigneur，2010）提出的商业模式画布模型，指出商业模式包括9个要素，是一种描述、可视化、评估和创新商业模式的通用工具，这9个要素分别为目标顾客、价值主张、渠道通路、顾客关系、收入来源、关键资源、关键活动、关键伙伴与成本结构，其中：目标顾客是指企业想要接触和服务的不同人群或组织；价值主张是指为特定目标顾客创造价值的系列产品和服务；渠道通路是指企业沟通和接触目标顾客从而传递价值主张的通路；顾客关系是指企业与特定目标顾客建立的关系类型；收入来源是指企业从特定目标顾客那里获取的现金收入；关键资源是指让商业模式有效运作所必需的最重要的资产；关键活动是指让商业模式有效运作所必需的最重要的活动；关键伙伴是指让商业模式有效运作所必需的供应商和伙伴的网络；成本结构是指运作一个商业模式所引发的所有成本。商业模式画布类似于画家的画布（如图4-1所示），在其中预设了9个空格，

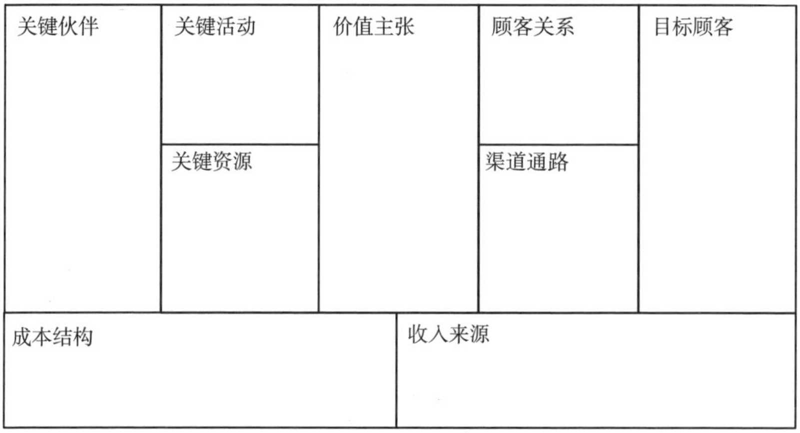

图4-1　商业模式画布（商业模式构成要素）

资料来源：奥斯特瓦德和皮尼厄（Osterwalder & Pigneur，2010），P. 44。

人们可以在 9 个空格上绘制和描述他们商业模式的 9 个要素，从而描绘他们现有的商业模式和创新他们未来的商业模式（Osterwalder & Pigneur，2010）。

4.2 物联网商业模式画布模型及其构成要素

商业模式画布中的 9 大要素因较好地厘清了企业如何创造价值、传递价值和获取价值的原理，进而很好地描述和定义了企业的商业模式，并展现出了企业创造收入的逻辑（Osterwalder & Pigneur，2010）。因此，本书基于商业模式画布模型，识别物联网商业模式的构成要素，进而构造物联网商业模式画布模型，为描述、可视化、评估和创新物联网商业模式提供通用工具。类似于奥斯特瓦德和皮尼厄的研究，本书认为物联网商业模式包括 9 个要素，它们分别为目标顾客、价值主张、渠道通路、顾客关系、收入来源、关键资源、关键活动、关键伙伴与成本结构，它们描述了企业用户应用物联网技术创造和实现价值的原理。这 9 个要素共同组成了物联网商业模式画布，如图 4-2 所示。

（1）目标顾客。在物联网商业模式中，目标顾客要素描绘了企业用户应用的物联网技术想要接触和服务的不同人群或组织。它回答了企业用户应用的物联网技术为谁创造价值以及由谁来获取物联网技术的价值等问题。只有这些问题得到了清晰的回答，企业用户才能开始设计它们的物联网商业模式。对于企业用户来说，它们应用的物联网技术首先可为它们自己创造价值，如物联网技术可以应用于企业产品生命周期各个阶段的管理，例如，产品生命周期开始阶段的设计和制造管理，产品生命周期中间阶段的使用、服务和维护管理，以及产品生命周期结束阶段的回收、拆解、再生或销毁管理（Jun，Shin，Kim，Kiritsis & Xirouchakis，2009）。此外，物联网技术被认为是新的

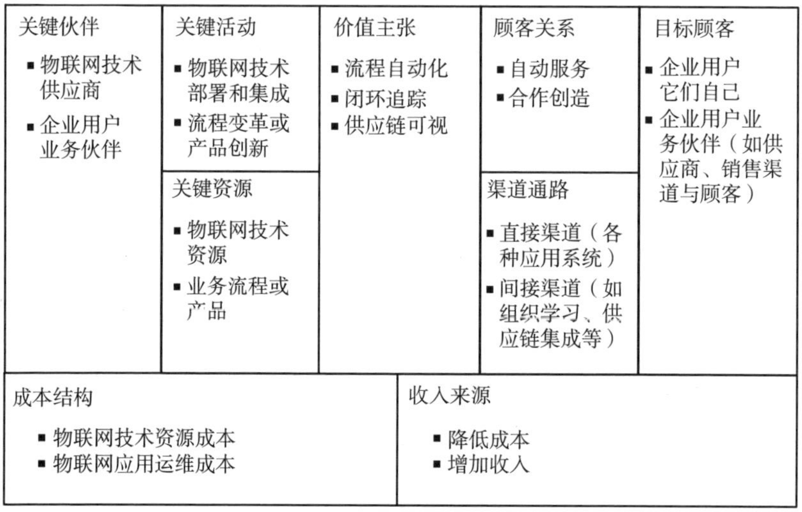

关键伙伴	关键活动	价值主张	顾客关系	目标顾客
▪ 物联网技术供应商 ▪ 企业用户业务伙伴	▪ 物联网技术部署和集成 ▪ 流程变革或产品创新	▪ 流程自动化 ▪ 闭环追踪 ▪ 供应链可视	▪ 自动服务 ▪ 合作创造	▪ 企业用户它们自己 ▪ 企业用户业务伙伴（如供应商、销售渠道与顾客）

其中"关键资源"与"渠道通路"为第二层：

关键资源	渠道通路
▪ 物联网技术资源 ▪ 业务流程或产品	▪ 直接渠道（各种应用系统） ▪ 间接渠道（如组织学习、供应链集成等）

成本结构	收入来源
▪ 物联网技术资源成本 ▪ 物联网应用运维成本	▪ 降低成本 ▪ 增加收入

图 4－2 物联网商业模式画布（物联网商业模式构成要素）

组织间信息技术，能够显著变革相互依赖的供应链流程和供应链实践（Neubert, Dominguez & Ageron, 2011；Sarac, Absi & Dauzère-Pérès, 2010）。因此，企业用户应用的物联网技术也能为其所在的供应链的其他成员（如供应商、销售渠道甚至顾客）创造价值，例如，柯廷、考夫曼和里金斯（Curtin, Kauffman & Riggins, 2007）指出物联网技术可沿着供应链被应用于 B2B 物流、内部操作、B2C 销售以及 B2C 售后服务；博塔尼和里西（2008）发现物联网技术跨企业集成提升了整个供应链的效率与效益。

（2）价值主张。在物联网商业模式中，价值主张要素描绘了企业用户应用的物联网技术为其自身及其业务伙伴创造的价值。价值主张解决或满足了企业用户及其业务伙伴的问题和需求，解释了企业用户及其业务伙伴为什么应用物联网技术。对于企业用户及其业务伙伴来说，物联网技术具有三类价值：流程自动化、闭环追踪和供应链可视（Tajima, 2007）。首先，作为一种自动化的识别技术，物联网技术能够自动化现有业务流程（Chatziantoniou, Pramatari & Sotiropoulos, 2011；Hozak & Collier, 2008），如在产品及其主要部件中嵌入 RFID 标签可以自动化产品识别流程（Parlikad & McFarlane,

2007）；其次，由于为每个物体提供了独特的身份或标识以及先进的记录保存和检索能力，物联网技术能够用于物品或资产的闭环追踪和监测（Cao，Folan，Mascolo & Browne，2009；Tajima，2007），例如，海姆、温特沃思和彭（Heim，Wentworth Jr & Peng，2009）指出闭环 RFID 应用追踪物体横跨物体整个生命周期，包括向前沿着供应链到达服务端，以及向后沿着逆向供应链到达生产者；最后，由于具有即时获取任意地方的任意物品信息的能力，物联网技术促进了供应链的可视化，这种可视化促进供应链流程（如信息共享、例外管理、存货补充）的快速化和自动化（Tajima，2007），也将导致获取更丰富、更精确的信息从而得到更好的供应链管理（Whitaker，Mithas & Krishnan，2007）。

（3）渠道通路。在物联网商业模式中，渠道通路要素描绘了企业用户应用的物联网技术向其自身及其业务伙伴传递价值主张的通路。它是接口界面，对于传递和获取物联网技术的价值至关重要。企业用户应用的物联网技术向企业用户及其业务伙伴传递价值主张的通路包括两种类型：直接渠道与间接渠道。直接渠道是指物联网技术直接通过各种应用系统向企业用户及其业务伙伴传递价值主张，例如，制造业中的存货管理、工作进度追踪、装配操作、质量控制、自动存储和检索等应用系统（Sulaiman，Umar，Tang & Fatchurrohman，2012），又如，零售业的货架补货（Condea，Thiesse & Fleisch，2012）、动态定价（Zhou，Tu & Piramuthu，2009）等应用系统。物联网技术可以直接通过这些应用系统向企业用户及其业务伙伴传递流程自动化、闭环追踪和供应链可视等价值主张。间接渠道是指物联网技术通过组织学习、供应链集成等过程间接向企业用户及其业务伙伴传递价值主张。一些学者指出物联网技术对企业的影响并不完全是直接的，也可能是间接的。李（Lee，2007）指出借助物联网技术提升了丰富和精确信息的实时可获性并为决策支持和知识获取提供了可能，例如，顾客行为方面的知识、无库存方面的知识（Zhou & Piramuthu，2012）。此外，泰杰玛（2007）发现物联网技术使能了供应链集成，这导致了降低损耗和物料处理时间、增强信息共享和数据的精确性。

（4）顾客关系。在物联网商业模式中，顾客关系要素描绘了企业用户为促进物联网技术应用而建立的关系类型。由于物联网技术目标顾客包括企业用户它们自身以及企业用户业务伙伴，因此为了促进物联网技术应用，顾客关系包括企业用户内部的关系以及企业用户与外部业务伙伴的关系。由于物联网技术无须接触即可实时、自动地识别、获取、分析和应用物体信息（Fleish，2010；Miorandi，Sicari，De Pellegrini & Chlamtac，2012），因此企业用户内部的关系主要是自动服务，它是指企业用户业务部门在无人工干预的情况下借助物联网技术自动提升现有流程、产品或服务或引入新的流程、产品或服务。当物联网技术应用超出企业用户组织边界涉及企业用户业务伙伴时，为促进物联网技术应用和获取物联网技术价值，企业用户就需超越组织内部自动服务关系，构造出企业用户与外部伙伴合作创造价值的关系。这种合作创造价值的关系包括企业用户与外部伙伴之间的技术兼用、信息共享、协作规划与操作集成（Tsai，Lee & Wu，2010）。特塞、李和吴（2010）指出只有在业务伙伴使用物联网技术时，物联网技术的有用性才能提升，并进一步发现企业用户与外部伙伴越是合作，物联网这种新技术创造的价值越大。

（5）收入来源。在物联网商业模式中，收入来源要素描绘了企业用户从物联网技术的应用中所取得的现金收入。物联网技术为企业用户创造收入可以归纳为两种模式：降低成本与增加收入。例如，一些学者发现物联网技术所带来的操作效率、数据精确性、可视性以及安全性降低了供应链各个成员的成本（劳动成本、持有成本、缺货成本、被盗成本、订货成本等）（Ustundag & Tanyas，2009），惠特克、米萨斯和克里希南（2007）强调评估物联网技术对于企业用户的价值不仅应关注成本效率问题，也应关注物联网技术对销售促进和收入增长的影响；特曾、陈和派（2008）发现降低成本和增加收入是企业用户从物联网技术的应用中所获得的两类价值，前者是指物联网技术的应用促进了业务流程改善和运营效率提升（如有效的信息沟通、提升的资产利用与提升的业务流程），后者是指物联网技术的应用促进了业务边界和业务范围的扩展（如供应链的虚拟集成、新服务战略以及新商业机会）；

马可、卡利亚诺、奈沃和拉费莱（Marco，Cagliano，Nervo & Rafele，2012）对零售企业的研究表明物联网技术不仅能够促进成本效率（如提升信息共享、提升资产利用和提升可视性），而且能够促进销售增长，这种销售增长主要来自物联网技术对于零售企业存货控制、存货周转以及人员拥有更多时间服务顾客的动态和集成影响。

（6）关键资源。在物联网商业模式中，关键资源要素描绘了企业用户让其物联网商业模式有效运作所必需的最重要的资产。这些资产可以是企业用户自有的，也可以是企业用户外部的。从类型上看，这些资产主要包括物联网技术资源和业务流程或产品。物联网技术资源主要包括识别、感知和通信技术、中间件、应用系统，等等（Atzori，Iera & Morabito，2010），例如，杜塔、李和王（Dutta，Lee & Whang，2007）指出一个 RFID 应用的技术配置包括 RFID 标签和读取器（主要用来识别和感知物体信息），中间件（过滤、集聚和处理通过读取器获取的原始数据并将相关数据传递给企业系统），企业系统（由一系列集成的软件组成，用于支持不同的业务功能，如运营、市场、财务、物流和人力资源）。单纯的物联网技术应用很难创造价值，这就需要物联网技术与企业业务流程或产品结合。这就意味着业务流程或产品亦是构成物联网商业模式有效运作所必需的重要的资产。学者们也非常强调这个观点，如特曾、陈和派（2008）指出物联网技术同其他信息系统一样，并不是简单的硬件或软件部署，它的特征是可以使物体智能化和使流程自动化，因此有必要将物联网技术嵌入流程和产品中并再造流程和产品。

（7）关键活动。在物联网商业模式中，关键活动要素描绘了企业用户让其物联网商业模式有效运作所必需的最重要的活动。同关键资源一样，它们也是创造和获取物联网技术价值的基础，且它们可以发生在企业用户组织内部，也可能发生在企业用户组织外部。为了让物联网商业模式有效运作，物联网技术部署和集成以及流程变革或产品创新这两项工作必须开展。物联网技术部署和集成主要是指部署物联网技术硬件及其配套软件系统，并将这些组件整合到组织的现有 IT 基础设施中去。单纯地物联网技术部署和集成，如果成功，企业用户也将实现提升物料追踪和降低缺陷发生等预期收益。但这些预期收益主要是战术性质的。如若取得战略性质的预期收益，除了开展物联网技术部署和集成，还需进行流程变革或产品创新。特曾、陈和派（2008）指出一个物联网系统本质上应该同时是战略性（如提升顾客满意和引入新的商业机会）和操作性的（如效率和柔性），尽管物联网技术开始时被作为工具去获取操作效率，但物联网技术更应结合流程再造或产品创新成为获取战略性竞争优势的下一代主要的武器。

（8）关键伙伴。在物联网商业模式中，关键伙伴要素描绘了企业用户让其物联网商业模式有效运作所必需的其他相关主体。这些相关主体主要包括物联网技术供应商与企业用户业务伙伴。它们有助于企业用户设计和优化物联网商业模式、降低风险和不确定性以及获取特定资源和能力。一些学者指出许多物联网技术应用并不是简单的任务，事实上，物联网技术必须被顾客化从而适应工作环境和应用目标。这就意味着顾客化对企业用户来说是个巨大挑战（Wu，Nystrom，Lin & Yu，2006）。他们进一步指出，为了充分发挥和获取物联网技术作为组织间信息系统的效用，沿着供应链的物联网技术基础设施必须首先被建立起来。这构成了企业用户应用物联网技术的又一挑战。物联网技术供应商拥有面对和解决这些挑战所必需的知识、经验和技能。因此，技术供应商在企业用户物联网商业模式有效运作过程中显得尤为重要。除了物联网技术供应商，企业用户业务伙伴也是企业用户物联网商业模式有效运作所需的重要主体。纽伯特、多明格斯和爱杰荣（Neubert，Dominguez & Ageron，2011）指出企业用户沿着供应链协同所有主要的供应商、分销渠道和顾客是获取物联网技术商业价值的必需，特别当物联网技术应用跨越了组织边界时更是如此，因为成本和利益的不对称、对待风险的不同态度以及供应链伙伴不同的能力使得物联网技术的采纳和应用将变得更加复杂。

（9）成本结构。在物联网商业模式中，成本结构要素描绘了企业用户让其物联网商业模式有效运作所必需的重要成本支出。企业用户借助物联网技术创造价值和产生收入将会引发成本支出。迪青、魏斯哈尔和斯马特

（2011）、恩盖、苏克和罗（Ngai，Suk & Lo，2008）指出由于需要巨额投资而且这种投资回收需要较长时间，成本往往也是企业用户采纳应用物联网技术的主要挑战。科尔特曼、盖得和迈克尔（Coltman，Gadh & Michael，2008）指出当物联网技术应用跨越组织边界时又将引发成本分割问题。物联网商业模式有效运作必需的成本支出主要包括物联网技术资源成本与物联网应用运维成本。物联网技术资源成本主要是指采购和获取物联网技术资源所必需的支出，包括硬件费用和软件费用等。物联网应用运维成本主要是指应用和维护物联网技术系统所必需的支出。

4.3　物联网商业模式构成要素的验证性案例

4.3.1　案例描述

A 企业是一家以家电制造业为主的大型企业，现拥有中国最完整的空调产业链、冰箱产业链、洗衣机产业链、微波炉产业链和洗碗机产业链。2014年，A 企业发布"M-Smart 智慧家居战略"，宣布对内统一协议，对外开放协议，实现所有家电产品的互联、互通、互懂。这意味着，A 企业将依托于物联网、云计算等先进技术，由一家传统家电制造商向一家智慧家居创造商转型。

物联网智能空调是 A 企业实施"M-Smart 智慧家居战略"的主要手段，具有 12 项智能功能：家庭/远程登录模式、一周预约、睡眠曲线、手机空调双静音、天气分析、电量统计、用电限额、等级节电、提供用电报告、用户互动、手机遥控器。还有 16 项功能正在开发中，包括简洁友好的界面、空调助手、PM2.5 报警、和国家电网合作开发高峰节电模式以避免拉闸限电、空调智能体检、售后网点地图查询、场景模式等。

A 企业空调已经组建正式的"互联网用户数据服务中心"，专门用来通过 APP 平台与用户交流，以及随时监控产品运行状态，提供主动信息资讯服务。A 企业物联网智能空调已经正式登陆"天猫"电器城，包括"三款外观、八大型号"。从 2013 年开始，A 企业空调已经在所有的变频空调新品中植入物联网智能技术，让所有的变频空调都能成为家庭的网络信息终端。未来，A 企业空调将加大投入和推广力度，力争三年时间实现物联网智能空调销售份额占比超过 50%。

4.3.2　案例讨论

基于前文提出的物联网商业模式画布（如图 4 - 2 所示），本书建立 A 企业物联网智能空调商业模式画布（如图 4 - 3 所示）。

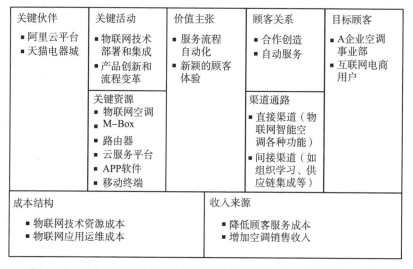

图 4 - 3　A 企业物联网智能空调的商业模式画布（A 企业物联网智能空调商业模式构成要素）

（1）目标顾客。A 企业物联网智能空调的服务对象主要包括两类群体：

A 企业空调事业部与互联网电商用户。也就是说，A 企业物联网智能空调为它们创造了价值，以及由它们获取了 A 企业物联网智能空调的价值。对于 A 企业空调事业部来说，物联网智能空调不仅是一个"智能终端"，也是一个"家庭入口"，可以在这一产品上搭建更多的增值和推送服务，无疑提前锁定了智能化时代发展的主动权。A 企业物联网智能空调的另一主要服务群体是互联网电商用户。互联网电商用户也是 A 企业物联网智能空调终端顾客。物联网不是简单的实现远程控制，而是真正的通过高度智能和网络技术实现人机的完美互动，让用户享受互联网的生活方式，同时改变传统的用户服务模式。而互联网电商用户天然对于移动端控制和互联网生活方式具有高度的认同。

（2）价值主张。A 企业物联网智能空调为不同的服务对象提供了不同的价值主张。对于 A 企业空调事业部而言，A 企业物联网智能空调的价值主张是服务流程自动化。A 企业空调事业部通过物联网技术，让每一台空调都成为一个信息终端，可以通过 APP 软件平台，对消费者进行定制化、跟踪到家的服务，同时通过免费的 APP 软件升级，用户在未来还能不断让空调进行功能升级。对于互联网电商用户而言，A 企业物联网智能空调的价值主张是新颖的顾客体验。当用户对着手机发出语音指令时，这段指令会被转换成看不见的数据洪流，通过手机网络传输到智能控制中心，经过计算分析处理，又通过光纤和 Wi-Fi 网络发送到空调的智能芯片中，空调就按照指令行动了。例如，用户通过 APP 可以对空调进行语音控制，查询每天产生的电费，为晚上不同时段设置不同的舒睡温度等。又如，空调也在记录着开关机、用电量、温湿度等数据，回传到阿里云上的智能控制中心，以备随时向消费者汇报。

（3）渠道通路。A 企业物联网智能空调向服务对象传递价值主张的渠道包括两种类型。一种为直接渠道，它是指直接借助物联网智能空调向 A 企业空调事业部传递服务流程自动化的价值主张（如 A 企业空调事业部直接借助物联网智能空调自动化顾客服务流程），以及向互联网电商用户传递新颖的顾客体验的价值主张（如互联网电商用户直接使用物联网智能空调享受智能产品便利）。另一种为间接渠道，它是指借助物联网智能空调收集大量信息所形成的组织学习和供应链集成效应传递价值主张。如结合用户运行数据分析、改进空调产品品质，通过用户使用习惯分析、改进生产和物流配备和模式，实现空调研发、生产、销售与售后等信息系统的互通、数据共享和业务活动的集成。

（4）顾客关系。A 企业物联网智能空调向服务对象传递价值主张需要构建两类关系：合作创造和自动服务。合作创造是指 A 企业空调事业部与阿里云平台、天猫电器城合作创造价值并将价值传递给 A 企业空调事业部和互联网电商用户。事实上，A 企业物联网智能空调的问世是建立在多方合作的基础上。以 A 企业空调事业部与阿里云平台合作为例，A 企业物联网智能空调构建基于阿里云的物联网开放平台，实现产品的连接对话和远程控制；阿里云提供计算、存储和网络连接能力，并帮助 A 企业物联网智能空调实现大数据的商业化应用。自动服务是指 A 企业物联网智能空调已经高度实现自动化、智能化，A 企业空调事业部与互联网电商用户在没有人为干预的情况下能够分别自动化地获取业务流程自动化和新颖的顾客体验的价值主张。

（5）收入来源。A 企业空调事业部从两个方面获取到了物联网智能空调所产生的收入：一方面，降低成本和促进销售。由于物联网智能空调自动化了顾客服务流程，这将降低 A 企业空调事业部的顾客服务成本，进而为 A 企业空调事业部创造了收入。另一方面，物联网智能空调为市场提供了新颖的顾客体验，这将增加 A 企业空调事业部的产品销售收入，进而为 A 企业空调事业部创造了收入。此外，物联网智能空调，只是 A 企业与阿里云战略合作产生的一项成果。双方将围绕打造智慧家电生态圈，在形成统一的物联网产品应用和通信标准、实现全系列产品无缝接入和统一控制后，将布局数据化运营，根据用户行为数据调整产品研发生产。最终，形成产业链，提供增值应用和服务。这些进一步地促进了成本降低和收入创造。

（6）关键资源。A 企业物联网智能空调的系统架构构成了 A 企业物联网智能空调商业模式有效运作的重要资产，包括：搭载物联功能的空调、M-Box、路由器、云服务平台、APP 软件、移动终端（如手机）等。通过空调所配备的传感器收集信息并传至 A 企业盒子 M-Box；M-Box 通过路由器将信息传至云服务器，由云端对数据进行分析后通过移动终端与用户进行互动。未来，相关协议标准和为第三方应用提供标准的 API 接口也将成为 A 企业物联网智能空调商业模式有效运作的重要资产，因为它们是构造更加开放平台的基础。

（7）关键活动。A 企业物联网智能空调商业模式有效运作需要开展以下活动：首先，部署物联网硬件与软件（搭载物联功能的空调、M-Box、APP软件等），形成完整、统一的通信标准，实现物联网智能空调在业务流程和运营体系中的无缝接入和统一控制；其次，实现用户与 A 企业之间的互联互通、联动控制和数据共享，在此基础上，打造智能化大数据系统，实现 A 企业物联网、研发、生产、销售与售后等信息化系统的数据和资源共享以及数据集中运营，构建开放平台，提供增值服务，促进传统产业模式和运营模式的变革。

（8）关键伙伴。阿里云平台和天猫电器城是 A 企业物联网智能空调商业模式有效运作的重要外部伙伴。A 企业是家电制造商，优势是硬件制造，但数据收集能力和计算处理能力不强。而阿里云平台借助其强大的云计算和大数据方面的能力能够轻松解决这些问题。在 A 企业物联网智能空调商业模式中，阿里云平台为 A 企业提供了一个云计算和大数据平台，A 企业销售、客户管理、供应链、售后服务都可以以大数据驱动。天猫电器城是 A 企业物联网智能空调商业模式有效运作的又一重要伙伴，为物联网智能空调提供了销售渠道。天猫电器城拥有庞大的用户资源，这些用户是领先用户，愿意接受新鲜事物，无疑促进了 A 企业物联网智能空调的市场接受。而天猫电器城也高度看好物联网智能家电的市场前景。未来，双方还将不断通过更紧密的产品推广和服务创新行动，致力于物联网智能家电在网络销售中的市场开拓。

（9）成本结构。物联网技术资源成本与物联网应用运维成本是 A 企业物联网智能空调商业模式有效运作的重要支出。物联网技术资源成本包括空调加载物联网功能模块的成本、M-Box 成本、APP 软件开发成本，以及相关的信息化基础设施和业务应用系统成本等。物联网应用运维成本包括相关的人力资源成本、采纳云服务的成本、市场开拓成本等。

4.4　物联网商业模式构成要素的研究结果

现有理论着重从类型角度探讨了物联网商业模式，加深了人们对于物联网商业模式的理解，如比舍雷和阿克曼（Bucherer & Uckelmann，2011）提出了物联网商业模式的四种类型——产品即服务、信息服务提供商、终端用户参与、实时业务分析与决策。物联网商业模式类型研究虽然能够反映物联网商业模式的形态差异，然而结构化物联网商业模式形态是不可能的，因此难以为企业提供有效实践指导。这就需要我们跳出类型研究转而探讨构成要素，从而为企业描述、评估和创新物联网商业模式提供依据和工具。此外，现有研究也难以厘清物联网商业模式在价值主张、价值创造、价值传递和价值获取方面的内容和特征。因此，对于企业应该构建什么特征的物联网商业模式，我们依然知之甚少。本章透过物联网商业模式的外在类型差异，探讨物联网商业模式的构成要素，从而诠释物联网商业模式的深层内容和共性特征。

本章面向企业用户，识别了物联网商业模式的构成要素，进而提出了物联网商业模式的画布模型，并通过一个案例验证和诠释了它们。本章的理论贡献在于聚焦物联网商业模式本质与共性内容，探讨物联网商业模式的构成要素，构建出了一个能用于描述、可视化、评估和创新物联网商业模式的通用工具。对于企业实践来说，本章提出的物联网商业模式画布模型（构成要素）首先，为企业提供了共同的语言帮助它们交流和理解它们的物联网商业模式全貌及其构成要素；其次，为企业提供了有效的框架帮助它们判断和评估它们物联网商业模式的优势和劣势，这包括它们物联网商业模式整体及其构成要素的优势和劣势；最后，为企业提供了通用的工具帮助它们创新它们的物联网商业模式，它们可以通过改变它们物联网商业模式的一个或多个构成要素实现创新。

第5章 技术能力与商业价值集成视角的物联网商业模式维度结构

5.1　物联网商业模式维度结构的探索性案例

5.1.1　案例方法

5.1.1.1　方法选择

对于企业用户来说，物联网还是相对较新的技术，相应的概念和理论极其有限。案例研究适合用于研究的早期阶段，因为此时我们对于感兴趣的问题知之甚少（Eisenhardt，1989）。明茨伯格（Mintzberg，1979）也指出开始的理论构建需要案例研究方法，因为需要"丰富描述，而丰富来源于轶事"。此外，案例研究与实验研究、问卷调查、文档分析等并列为社会科学领域主要的研究方法，且特别适合回答"怎么样"和"为什么"的问题。因此，本章选择案例研究方法。根据研究目的的不同，案例研究可以分为探索性案例（用于产生理论）、验证性案例（用于验证理论）、描述性案例（用于精确描述）、评价性案例（用于提出研究者的看法）等类型（Eisenhardt，1989）。本章旨在探索物联网商业模式的维度构思，即研究目的在于产生理论，因此最终选择探索性案例研究方法。

5.1.1.2　案例选择

建筑业不仅是公认的劳动密集型产业，也是公认的信息密集型产业。各方每天发生着大量的数据和信息交换是建筑项目的一大特点。因此，各种实时信息技术成为建筑项目管理的重要工具，它们中的一个代表就是物联网技术，如 RFID、GPS、各种传感器等（Sardroud，2012）。与此同时，越来越多的学者也开始关注物联网技术在建筑业中的应用（Shin，Chin，

Yoon & Kwon，2011；Lee，Choy，Ho & Law，2013）。因此，本章选择建筑业中的物联网应用进行案例分析。最终，本章选择 B 企业作为案例企业（应企业要求隐去企业名称）。B 企业是一家大型国有控股建筑企业，是全国首批国家房屋建筑工程施工总承包特级企业。年施工面积 3000 万平方米以上，施工区域跨越全国 20 多个省市及日本、阿尔及利亚等多个国家和地区。B 企业应用的物联网技术有视频监控、传感器、RFID 技术等，遍布该企业各个施工区域。

5.1.1.3 数据收集

对案例企业进行了半结构化的访谈。按照提高效度的建议（Yin，1994），访谈了多位相关人员，包括 B 企业信息中心的负责人和一名员工。本章也访谈了来自该企业技术供应商的咨询顾问和项目负责人各一名，不仅有助提高数据信度和访谈深度，而且有利于集成物联网技术的应用方和供应商双方视角探讨企业用户物联网商业模式的维度结构。这些访谈主要涉及 B 企业应用的物联网技术类型与能力、应用领域与效果以及物联网技术未来应用趋势。每次访谈持续 1~2 小时。在访谈的过程中，通过录音记录受访者的观点。如果认为必要，还会通过电话或电子邮件的方式从受访者那里获取进一步的信息。此外，还观察了 B 企业后台视频监控中心，以及搜集和整理了来自 B 企业网站、宣传手册、行业期刊等的公开信息，从而帮助我们更深入的理解、证实和补充访谈内容。

5.1.2 案例描述

目前，B 企业应用的物联网技术主要包括视频监控技术、传感器技术与 RFID 技术。接下来，本章主要描述这些物联网技术所能提供的价值以及 B 企业如何创造、实现这些价值。

5.1.2.1 视频监控应用

B企业视频监控应用主要包括施工现场监控与费用结算两个方面的内容。

（1）施工现场监控。在工地分布广泛、现场环境恶劣的建筑行业，确保规范施工，保证工程质量及工地的建筑材料、人员、设备等安全是施工单位管理者关心的头等大事，一套有效的视频监控系统对于管理者来说是非常有必要的。通过远程视频监控系统，管理者可以了解到施工现场情况，由此实现项目的远程监管，强化总部对前端的支撑服务。B企业部署了工地可视化远程监控管理系统，该系统能够实现工地现场的远程预览、远程云控制球机转动、远程接收现场报警、远程与现场进行语音对话指挥等功能。该系统远程视频监控内容主要包括：安全，如人员安全、材料安全、设备安全、施工安全等；技术，如基坑支护施工方案实施、塔机安全操作方案实施等；质量，如钢筋分项工程质量、混凝土分项工程质量、砌体质量等。

以砌体质量远程视频监控为例。位于B企业总部的监控中心人员在做视频检查时，若发现砌体的平整度不符要求，将马上对这个部位进行抓拍并将图像上传至项目管理系统，与此同时在项目管理系统中对问题进行详细阐述，在此基础上生成整改单，并以短信的方式将整改通知发送至施工现场相关责任人。施工现场相关责任人收到整改通知短信后，进入项目管理系统查看具体整改信息和问题图像，然后回到施工现场进行整改。整改完成之后，施工现场相关责任人通过视频监控系统拍摄整改后的图像，并将该图像上传到项目管理系统整改单的回执里。最后，总部的监控中心人员将对比整改前后的图像，判断是否整改到位。以上是一个典型的视频监控流程，包括发现问题、分析问题与解决问题等典型过程。施工现场的安全、技术、质量等其他问题，如脚手架安全防范，其远程监控流程也是如此。

（2）费用结算。费用结算是B企业施工现场远程视频监控系统新的功能拓展。建筑行业常常按照进度付款给相应的承包商。以往，由于款项巨大，按照企业付款流程，B企业财务人员付款之前需要到施工现场核实项目实际进度，然后决定付款额度。若是施工项目距离总部较近，这种现场核实的方法还算经济。若是施工项目距离总部较远或是同时施工项目过多，这种方法不仅耗时费力，而且很不经济。施工现场远程视频监控不仅可以用于监控施工项目的安全与质量，也可以用于监控施工项目的进度，可以较好地解决这个问题。如今，B 企业位于总部的财务人员通过施工现场远程视频监控系统实时复核项目进度，然后进行付款。

5.1.2.2　传感器应用

B 企业传感器应用主要包括塔机监控、结构安全施工监测与建筑使用安全监测三个方面的内容。

（1）塔机监控。塔式起重机（简称塔机）是现代建筑施工中必不可少的关键设备，是施工企业装备水平的标志性重要装备之一。但是，由于塔机体积较庞大并伴有高空作业，所以容易产生安全事故，且容易造成群死群伤的严重后果。B 企业将各类传感器应用于塔机安全监控，如角度传感器、幅度传感器、风速传感器、力矩传感器、重量传感器、倾角传感器、高度传感器等。该系统实时显示塔机工作参数，如重量，幅度，力矩等，改变了以往靠操作者估计的经验操作。该系统同时实现声、光、图像等综合报警方式。例如，达到额定载荷的 90% 时，系统发出报警；超过额定载荷时，系统自动切断危险方向工作电源，终止违规操作。又如，能够在碰撞发生前先报警提示，若继续前行则根据算法对要碰撞的方向进行制动，停止前进，避免进一步的危险发生，大大提高了安全防护能力和等级。该系统也有助设备维护人员实时掌握塔机工作状态，根据统计数据，预先获取零部件的使用寿命情况，使机械修理具有针对性，改变塔机被动修理的局面，从根本上减少设备隐患。

（2）结构安全施工监测。建筑工程结构安全施工实时监测包括对建筑工地环境、支撑轴力、位移大小、表面应力、浇筑温度等参量的实时监测。以往，B 企业大部分都是聘请检测机构人工现场监测，监测数据的准确性、及时性较低，且人工费用高、不能集中监管，尤其在恶劣的环境下人工效率低、效果差。目前，B 企业根据被监测施工现场实际环境及监测点个数安装各类传感器（如温度传感器、位移传感器、应力传感器），搭建自组织、自维护的无线传感网，由其负责整个施工现场所有监测点的管理，并且同一个无线传感网络采集多种类型的传感器信息，实现对企业管辖范围内所有建筑工地统一管理。该系统采用无线传感网技术将分布式布置的各个监测点信息汇总后，上传到监控中心管理软件。监控中心管理软件实时分析监测点的状态信息并根据预设的控制值实现报警，用来保证施工的安全性，同时也可用于检查施工过程是否合理。此外，该系统也可将各个监测点的位置及状态与 GIS 结合，提供直观、形象的展示。

（3）建筑使用安全监测。不仅建筑方关心建筑工程的安全问题，用户方在建筑使用过程中也是如此。随着传感器寿命的延长，上述为建筑方提供结构安全施工监测的无线传感网也能为用户方提供建筑安全监测服务。B 企业已经开始了这方面的探索。以该企业承建并交付使用的某火车站为例，重量传感器能够实时监控该火车站中的所有承重柱。当承重柱承重量超出范围时，重量传感器就会报警。用户方人员随即进行核实并采取相关解决方案。B 企业认为，未来应用的一个重要方向就是将传感器网络与建筑信息模型（Building Information Modeling，BIM）关联起来，为用户方提供更加智能、更加综合的安全监测服务，如建筑安全、设备管理、能源管理、应急管理等。以消防应急事件为例，如果传感器（如烟雾传感器、温度传感器、压力传感器）感应到着火事件，在该建筑 BIM 界面中，就会自动进行火警报警，着火三维位置立即被定位显示，控制中心可以及时查询周围情况和设备情况，为及时疏散和处理提供信息。

5.1.2.3 射频技术应用

B 企业射频技术应用主要包括施工原料管理与原料溯源防伪两个方面的内容。

（1）施工原料管理。建筑项目需要大量的原料，如钢筋、水泥、沙子等。如何跟踪和管理这些原料成为很多建筑企业非常关心的问题，因为这些原料会影响建筑项目的进度与成本。B 企业已经开始应用 RFID 技术对原料进行跟踪和管理。以钢筋为例，以往 B 企业采用的是现场验收的方法，这种方法费时费力。现在，B 企业订购一定数量、一定规格的钢筋之后，会接收到含有交货日期和购买数量等信息的电子通知单。B 企业可以根据交货日期提前安排场地堆放这些钢筋。当汽车载着嵌有 RFID 标签的钢筋接近建筑工地入口时，标签信息（数量、批次等）被读取。与此同时，这些信息被传输到 B 企业总部与电子通知单进行比对。若发现问题，如数量不符，则后台系统将会报警并显示问题所在。当钢筋到达指定位置堆放之后，RFID 标签被加入位置、使用等信息，方便跟踪这些钢筋，并大大减少丢失、放错或错拿的可能性。

（2）原料溯源防伪。近年来，出于降低成本、弄虚作假、偷工减料、以次充好等造成的"豆腐渣"工程时有出现，为用户方带来了极大的危害。相应地，用户方也非常关心建筑所使用的材料，如材料的品质、材料使用量等。B 企业认为 RFID 技术的应用可以为用户方提供他们所关切的信息。这是未来 RFID 技术在建筑行业应用的一个趋势，即：将 RFID 标签嵌入到大理石、玻璃、卫生洁具、预制构件等建筑材料中，进行防伪及跟踪。在 RFID 标签中不仅可以含有材料的生产厂家、生产批次等溯源信息，也可以含有材料的使用数量、技术规格等质量信息。用户方使用读取装置可以很方便地获取 RFID 标签中的这些信息。B 企业认为这就像基于 RFID 的食品溯源和防伪一样，而且认为 RFID 技术在建筑材料溯源和防伪中的应用更具优势。因为相比建筑成本，RFID 的成本是微不足道的。

5.1.3 案例讨论

5.1.3.1 物联网的经济价值

B 企业的物联网应用涉及两类经济价值——效率与新颖，如表 5 - 1 所示。效率可以是操作效率，此时通过基于物联网技术的业务流程改进、优化或自动化来实现。例如，B企业以往通过"现场发现问题——现场解决问题"的业务流程模式对施工现场进行监控，如今借助视频技术通过"远程发现问题——现场解决问题"的业务流程模式对施工现场进行监控，优化了原有的业务流程，工作效率得到显著提高。又如，B企业借助传感器实现了对建筑工程结构安全施工与塔机的自动化、实时化监测。效率也可是财务效率，此时通过基于物联网技术的产品功能改进或产品品质提升来实现。例如，B企业借助视频技术对施工项目质量进行监控，不仅可以高效地发现质量隐患，也能有助消除质量隐患，进而降低因项目质量问题所产生的各种成本，最终提高投资回报等财务效率指标。

表 5 – 1   B 企业应用的物联网的经济价值

应用		效率		新颖	
		流程改进或自动化	产品的提升	创新的流程	新产品/新服务
视频监控技术	（1）施工现场监控	●	●		
	（2）费用结算			●	
传感器技术	（1）塔机监控	●			
	（2）结构安全施工监测	●			
	（3）建筑使用安全监测				●
射频识别技术	（1）施工原料管理			●	
	（2）原料溯源防伪				●

新颖可以体现为引入基于物联网技术的新流程。例如，B企业借助视频技术远程核对项目进度然后按进度付款给承包商，这种流程完全不同于B企业以往所采用的现场核对项目进度然后按进度付款给承包商的业务流程。换句话说，视频技术为B企业带来了新的按进度付款流程。又如，B企业借助

RFID 技术引入远程验收原料的业务流程替代了以往现场验收原料的业务流程。新颖也可指基于物联网技术的新产品或新服务。例如，B 企业认为在不远的未来可以将传感器网络与 BIM 关联起来，为用户方提供更加智能、更加综合的安全监测服务（如建筑安全、设备管理、能源管理、应急管理等），这是不同于传统建筑的智能建筑。又如，B 企业认为未来可以借助 RFID 技术为建筑用户方提供建筑所用材料的溯源和防伪信息，这意味着为用户方提供了新的服务和附加价值。

5.1.3.2 物联网的技术能力

B 企业应用的物联网涉及两类技术能力——感知与智能，如表 5 - 2 所示。物联网是信息技术。从信息管理的角度看，感知是指物联网技术自动识别和获取信息的能力，智能是指物联网技术自动分析和运用信息的能力。就 B 企业而言，在施工现场监控、费用结算中主要运用到了视频监控技术的感知能力，在原料溯源防伪中主要运用到了 RFID 技术的感知能力。例如，在施工现场监控中，B 企业主要通过视频监控技术识别和获取施工安全、技术方案实施以及施工质量等方面的信息，而对这些信息的分析和运用并不是由视频监控技术及其应用软件自动完成，而是依靠人工完成。换言之，视频监控技术仅仅起到感知信息或自动识别和获取信息的作用。在费用结算中，B 企业应用的视频监控技术也是如此。又如，原料溯源防伪，用户方未来也仅能通过 B 企业嵌入原料中的 RFID 标签感知建筑所使用原料的生产厂家、生产批次、数量质量等信息。

表 5 - 2　　　　　　　　　　B 企业应用的物联网的技术能力

应用		感知	智能
		侧重自动识别和获取信息	侧重自动分析和运用信息
视频监控技术	（1）施工现场监控	●	
	（2）费用结算	●	

续表

应用		感知	智能
		侧重自动识别和获取信息	侧重自动分析和运用信息
传感器技术	（1）塔机监控		●
	（2）结构安全施工监测		●
	（3）建筑使用安全监测		●
射频识别技术	（1）施工原料管理		●
	（2）原料溯源防伪	●	

与以上感知能力不同，B 企业在塔机监控、结构安全施工监测与建筑使用安全监测中主要运用到了传感器技术的智能能力，在施工原料管理中主要运用到了 RFID 技术的智能能力。例如，在塔机监控中，B 企业应用的传感器不仅能够自动识别和获取角度、幅度、风速、力矩、重量、倾角、高度等信息，也能按照预先设置的规则自动对这些信息进行分析和应用——报警或制动。换言之，B 企业应用到了传感器的智能处理能力。在结构安全施工监测与建筑使用安全监测中，B 企业应用的传感器所体现的技术能力也是如此。又如，施工原料管理，B 企业不仅能够自动识别和获取 RFID 标签中的原料数量与生产批次等信息，总部应用系统也能自动对这些信息进行分析和应用，即自动对比这些信息与电子通知单中的信息，若发现问题，则系统将会自动报警并显示问题所在。

5.1.3.3 物联网商业模式维度

商业模式的核心是价值创造与价值获取（Baden-Fuller & Haefliger, 2013；Casadesus-Masanell & Ricart, 2010；Osterwalder, Pigneur & Tucci, 2005；Teece, 2010；Wirtz, Pistoia, Ullrich & Göttel, 2015），相应地，企业用户物联网商业模式的核心亦是价值创造与价值获取。B 企业的实践表明：感知与智能作为物联网的技术能力，是价值创造的来源，也是物联网商业模式的输入；效率与新颖作为物联网的经济价值，是价值获取的结果，也是物联网商业模式的输出。由此，可以根据物联网的技术能力（价值创造）与物联网的经济价值（价值获取）识别物联网商业模式的维度，如图 5 – 1 所示。图 5 – 1 揭示了物联网商业模式包括四个维度，分别为基于感知的效率、基于感知的新颖、基于智能的效率、基于智能的新颖。

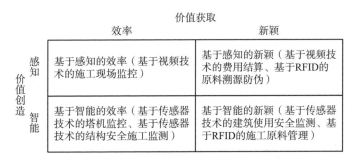

图 5 – 1　物联网商业模式的维度结构

基于感知的效率侧重运用物联网技术的感知能力提升现有流程、产品或服务。例如，在基于视频技术的施工现场监控中，B 企业借助视频技术自动识别和获取施工现场信息，如施工安全、技术方案实施以及施工质量等信息，不仅优化了原有"现场发现问题——现场解决问题"的施工现场监控流程，也因有助消除质量隐患提升了建筑产品品质。

基于感知的新颖侧重运用物联网技术的感知能力引入新的流程、产品或服务。例如，在基于视频技术的费用结算中，B 企业借助视频监控技术自动识别和获取施工项目进度信息，从而引入新的按进度付款流程——远程核对项目进度然后按进度付款给承包商。又如，在基于 RFID 的原料溯源防伪中，用户方未来能够通过 B 企业嵌入到原料中的 RFID 标签自动识别和获取建筑原料等信息，这是 B 企业提供的新服务。

基于智能的效率侧重运用物联网技术的智能能力提升现有流程、产品或服务。例如，在基于传感器技术的塔机监控中，B 企业借助传感器技术自动分析和运用风速、力矩、重量等塔机工作信息，进而自动化了塔机监控流程。

又如，在基于传感器技术的结构安全施工监测中，B 企业借助传感器技术自动分析和运用位移大小、表面应力、浇筑温度等来自监测点的信息，进而自动化了建筑工程结构安全施工监测流程。

基于智能的新颖侧重运用物联网技术的智能能力引入新的流程、产品或服务。例如，在基于传感器技术的建筑使用安全监测中，传感器网络与 BIM 关联起来能够自动分析和运用建筑工作状态信息进行设备管理、应急管理等，相应地，传统建筑升华为智能建筑。又如，在基于 RFID 的施工原料管理中，B 企业借助 RFID 技术自动识别和应用数量、规格、批次等原料信息，进而引入了远程验收原料这种新的流程。

5.2　物联网商业模式维度结构的研究假设

作为技术，物联网具有同其他技术一样的特征，即它的内在价值在商业化之前都是潜在的，或者说它本身并不能自动保证经济上的成功。因而，为了获取物联网的价值，企业用户就需要设计合适的物联网商业模式。对于企业用户来说，物联网商业模式的作用就是协同或连接物联网的技术能力与物联网的经济价值，或者说将物联网的技术能力转化为物联网的经济价值，如图 5 - 2 所示。在图 5 - 2 中，物联网技术能力作为价值创造来源，可被视为物联网商业模式的输入；物联网经济价值作为价值获取结果，可被视为物联网商业模式的输出。因此，可以将物联网技术能力（物联网商业模式输入）与物联网经济价值（物联网商业模式输出）进行组合从而识别物联网商业模式的维度。

图 5 - 2　物联网商业模式的作用

先前的文献显示物联网具有两类技术能力——感知与智能，其中：感知是指物联网技术自动识别和获取信息的能力；智能是指物联网技术自动分析和运用信息的能力。这方面的支持文献有：杜塔、李和王（2007）指出可将企业应用物联网技术划分为两个层次——低层次的应用、即借助物联网技术（如 RFID 标签、读取器等）收集和集聚企业业务流程中的数据，而高层次的应用、即借助物联网技术不仅过滤和集聚数据而且分析和处理数据；也有学者探讨了物联网技术在企业产品中的应用，指出简单的应用借助物联网技术（如无源 RFID 标签、询答器等）读取产品身份数据从而实现产品识别，而复杂的应用借助物联网技术（如有源 RFID 标签、传感器等）分析产品数据并进行一些自动决策从而实现产品自我控制和自我优化（Jun，Shin，Kim，Kiritsis & Xirouchakis，2009）。

先前的文献显示物联网具有两类商业价值——效率与新颖，其中：效率是指借助物联网技术提升现有流程、产品或服务；新颖是指借助物联网技术引入新的流程、产品或服务。这方面的研究有：泰杰玛（2007）指出物联网技术不仅可被用于利用（Exploitation）（如制造、存货中的流程自动化）并通过提升运营效率而获取竞争优势，而且可被用于探索（Exploration）（如创造满足顾客个性化需求的新产品或新服务）并通过提升创新能力而获取竞争优势；L. 莱迈斯特、S. M. 莱迈斯特、克内贝尔和克雷玛（2009）认为物联网技术因减少了人工干预和优化了信息流动而提升了当前业务流程的效率和有效性，除此之外，物联网技术也促进了新产品、新服务与新解决方案的创造，如防伪、资产/产品追踪、产品召回、产品安全、状态监控、位置/定位等。

通过对这些技术能力和这些商业价值进行组合，可以发现物联网商业模式包括四个维度——基于感知的效率、基于感知的新颖、基于智能的效率、基于智能的新颖，其中：基于感知的效率是指企业通过借助物联网技术自动识别和获取信息从而提升现有流程、产品或服务；基于感知的新颖是指企业通过借助物联网技术自动识别和获取信息从而引入新的流程、产品或服务；基于智能的效率是指企业通过借助物联网技术自动分析和运用信息从而提升现有流程、产品或服务；基于智能的新颖是指企业通过借助物联网技术自动分析和运用信息从而引入新的流程、产品或服务。据此，本章提出如下假设：

假设 H：物联网商业模式由四个维度构成，即基于感知的效率、基于感知的新颖、基于智能的效率与基于智能的新颖。

5.3 物联网商业模式维度结构的假设检验

5.3.1 数据收集

基于本书第 3.1 节中的问卷调查数据进行假设检验。其中：第 3.1 节中的小样本数据，主要用于支持探索物联网商业模式的维度构思，共计 50 份有效问卷；第 3.1 节中的大样本数据，主要用于支持验证物联网商业模式的维度构思，共计 142 份有效问卷。142 份有效问卷的样本特征如表 5 – 3 所示。

表 5 – 3　　　　　　　　样本企业基本特征（N = 142）

企业属性	分类标准	样本量（百分比）	企业属性	分类标准	样本量（百分比）
企业规模	大型企业	42（29.58%）	企业年龄	10 年以下	35（24.65%）
	中型企业	62（43.66%）		11 ~ 20 年	81（57.04%）
	小型企业	38（26.76%）		20 年以上	26（18.31%）
产业类型	电子信息制造业	13（9.15%）	技术应用	条码技术	96（67.61%）
	汽车及零部件业	10（7.04%）		视频监控技术	99（69.72%）
	装备和设备制造业	19（13.38%）		RFID 技术	61（42.96%）
	纺织服装和制鞋业	18（12.68%）		智能卡技术	98（69.01%）
	物流和快递业	14（9.86%）		GPS 技术	53（37.32%）
	批发和零售业	18（12.68%）		传感器技术	71（50.00%）
	信息服务业	16（11.27%）		其他技术	15（10.56%）
	住宿和餐饮业	6（4.23%）			
	建筑业	6（4.23%）			
	其他产业	22（15.49%）			

5.3.2 变量测量

先前的研究未有成熟的题项测量物联网商业模式。因此，需要面向该变量专门开发测量题项。按照以往文献关于变量测量题项开发的建议（Churchill，1979；Gerbing & Anderson，1988），物联网商业模式测量题项开发经历了以下过程：通过文献回顾和企业访谈形成初始测量题项、与学术界专家讨论修改测量题项、与企业界专家讨论修改测量题项、通过预测试确定最终测量题项。最终确定 12 个题项测量物联网商业模式，其中：各个维度分别通过 3 个题项测量，如表 5 - 4 和表 5 - 5 所示。

表 5 - 4　　物联网商业模式维度构思的探索性因子分析结果（N = 50）

题项	因子 1	因子 2	因子 3	因子 4
1. 基于感知的效率 我们应用的物联网技术能够自动识别和获取信息：				
（1）从而支持改进现有产品或服务		0.719		
（2）从而支持提升内部流程的效率		0.808		
（3）从而支持提升供应链流程的效率		0.732		
2. 基于感知的新颖 我们应用的物联网技术能够自动识别和获取信息：				
（1）从而支持开发新的产品或服务			0.513	
（2）从而支持引入新的内部流程			0.542	
（3）从而支持引入新的供应链流程			0.533	
3. 基于智能的效率 我们应用的物联网技术能够自动分析和运用信息：				
（1）从而支持改进现有产品或服务				0.766
（2）从而支持提升内部流程的效率				0.786
（3）从而支持提升供应链流程的效率				0.688

题项	因子1	因子2	因子3	因子4
4. 基于智能的新颖 我们应用的物联网技术能够自动分析和运用信息：				
（1）从而支持开发新的产品或服务	0.823			
（2）从而支持引入新的内部流程	0.830			
（3）从而支持引入新的供应链流程	0.802			

表5－5　　　物联网商业模式维度构思的验证性因子分析结果（N＝142）

题项	标准载荷	C. R.	p
1. 基于感知的效率 我们应用的物联网技术能够自动识别和获取信息：			
（1）从而支持改进现有产品或服务	0.741	10.219	***
（2）从而支持提升内部流程的效率	0.869	12.905	***
（3）从而支持提升供应链流程的效率	0.874		
2. 基于感知的新颖 我们应用的物联网技术能够自动识别和获取信息：			
（1）从而支持开发新的产品或服务	0.752	10.594	***
（2）从而支持引入新的内部流程	0.812	11.973	***
（3）从而支持引入新的供应链流程	0.871		
3. 基于智能的效率 我们应用的物联网技术能够自动分析和运用信息：			
（1）从而支持改进现有产品或服务	0.807	10.919	***
（2）从而支持提升内部流程的效率	0.798	10.747	***
（3）从而支持提升供应链流程的效率	0.817		
4. 基于智能的新颖 我们应用的物联网技术能够自动分析和运用信息：			
（1）从而支持开发新的产品或服务	0.865	11.819	***
（2）从而支持引入新的内部流程	0.857	11.684	***
（3）从而支持引入新的供应链流程	0.810		

5.3.3 假设检验

（1）探索性因子分析。对第一批小样本数据（N = 50）的信度分析结果显示物联网商业模式各个维度的 Cronbach's alpha 都大于 0.7（最小值为 0.874），表明各个维度测量具有较高的信度。使用 SPSS 11.5 软件进行探索性因子分析，并按特征根大于 1 提取因子，结果表明 KMO 值为 0.924（大于 0.7），Bartlett 统计值的显著性概率为 0.000（小于 0.001），说明数据适宜进行探索性因子分析。进一步的结果显示物联网商业模式可以提取四个因子（累积解释变异为 90.368%），各个因子对应题项载荷都大于 0.5（如表 5 - 4 所示）。根据这些因子对应题项的内容可将这些因子分别命名为基于感知的效率、基于感知的新颖、基于智能的效率与基于智能的新颖，这与本章假设预期一致，初步说明物联网商业模式由这四个维度构成。

（2）验证性因子分析。对第二批大样本数据（N = 142）的信度分析结果显示物联网商业模式各个维度的 Cronbach's alpha 都大于 0.7（最小值为 0.848），表明各个维度测量具有较高的信度。使用 AMOS 17.0 对物联网商业模式四维结构进行验证性因子分析，拟合结果显示：卡方/自由度为 1.931（小于 3）、RMSEA 为 0.081（小于 0.1）、GFI 为 0.905（大于 0.9）、NFI 为 0.928（大于 0.9）、CFI 为 0.963（大于 0.9）、TLI 为 0.950（大于 0.9）、PNFI 为 0.675（大于 0.5）、PCFI 为 0.701（大于 0.5），说明模型拟合良好。同时，物联网商业模式各个维度在相关题项上的标准因子载荷都大于 0.5 且在 p < 0.001 的水平上具有统计显著性，如表 5 - 5 所示。这些结果表明，通过探索性因子分析得到的因子结构得到了验证，即物联网商业模式包括基于感知的效率、基于感知的新颖、基于智能的效率和基于智能的新颖四个维度，意味着本章假设成立。

5.4 物联网商业模式维度结构的研究结果

针对企业用户物联网商业模式的维度构思，本章进行了理论与实证研究，主要得到了以下研究结论：首先，物联网具有两个方面的经济价值——效率与新颖；其次，物联网具有两个方面的技术能力——感知与智能；最后，企业用户物联网商业模式包括四个维度——基于感知的效率、基于感知的新颖、基于智能的效率、基于智能的新颖。基于小样本数据（有效问卷为 50 份）的探索性因子分析与基于大样本数据（有效问卷为 142 份）的验证性因子分析均揭示物联网商业模式可以提取四个因子——基于感知的效率、基于感知的新颖、基于智能的效率、基于智能的新颖，即验证物联网商业模式是一个四维构思。

本章研究具有两个方面的理论贡献。首先，集成物联网的技术能力和物联网的商业价值，揭示出了一个适用企业用户的且可操作化的物联网商业模式概念构思。其次，不同于以往文献重点面向物联网产业链上游企业研究物联网商业模式的外在形态，本章面向物联网产业链下游企业用户研究物联网商业模式的内在结构，发现物联网商业模式是个四维结构，由基于感知的效率、基于感知的新颖、基于智能的效率与基于智能的新颖构成，促进了物联网商业模式概念收敛以及为进一步研究物联网商业模式理论机制提供了变量构思及其测量工具。

对于相关实践来说，本章研究有助加深企业用户如何从物联网技术的应用中获取价值的认识。对于打算应用物联网技术的企业，可以采纳基于感知的效率、基于感知的新颖、基于智能的效率、基于智能的新颖这四个维度的一个或多个来设计它们的物联网商业模式，从而有效地获取物联网的价值。对于已经应用物联网技术的企业，可以基于物联网商业模式四个维度来评估、提升和创新自身的物联网商业模式，从而更好地获取物联网的价值。

第6章 模块化与企业物联网商业模式的模块化结构、类型与构建

6.1 模块化与物联网商业模式模块结构

模块化是管理复杂系统的有效方法（Baldwin & Clark，1997）。它将复杂系统划分为能够独立设计且又功能集成的单元或模块（Kodama，2004），各个单元或模块在看不见信息（隐藏的设计参数）的作用下能够平行设计和独立创新、同时在遵循看得见信息（看得见的设计规则）的条件下能够保持兼容性和整体性（Baldwin & Clark，1997；青木昌彦和安藤晴彦，2003），不仅显著提升了创新的速率和质量而且显著促进了系统的柔性和演进（Baldwin & Clark，1997；Worren，Moore & Cardona，2002）。模块化也为解析和管理物联网商业模式提供了有效思路和方法，因为物联网商业模式也是复杂系统且符合鲍德温和克拉克的模块化结构事实标准（鲍德温和克拉克，2006），即物联网商业模式是一种嵌套的层级体系，来自企业用户及其业务伙伴、设备供应商、软件供应商、系统集成商、网络运营商等组织的价值模块内部联系紧密但又独立于其他单元，功能确定但又以协调的方式运作。

物联网商业模式是个多层次模块化结构，如图 6 - 1 所示[①]。物联网商业模式可被看作由技术模块和业务模块两大子系统按照一定联系规则（看得见的信息）组成。这是因为，物联网商业模式是建立在物联网技术应用基础之上的；与此同时，在物联网商业模式框架内，物联网技术创造价值以及企业获取价值需要物联网技术嵌入企业流程和产品中去。技术模块依据功能特征可细分为三大模块——信息采集的感知模块、信息传输的网络模块与智能处理的应用模块（岳中刚，2014），其中（孙其博，刘杰，黎羴，范春晓和孙娟娟，2010）：感知模块利用射频识别、二维码、传感器等感知、捕获、测量

---

① 为简化起见，本书只分析和提供了一个三级的物联网商业模式模块化结构。现实中的物联网商业模式模块化结构可在图 6 - 1 的基础上根据需要作进一步地分解。

技术随时随地对物体进行信息采集和获取；网络模块通过将物体接入信息网络，依托各种通信网络，随时随地进行可靠的信息交互和共享；应用模块利用各种智能计算技术，对海量的感知数据和信息进行分析并处理，实现智能化的决策和控制。

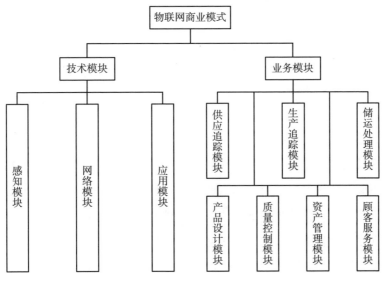

图 6-1　物联网商业模式的多层次模块化结构

业务模块依据功能特征可细分为以下模块：供应追踪模块、产品设计模块、生产追踪模块、质量控制模块、储运处理模块、资产管理模块、顾客服务模块。其中，供应追踪模块是指通过在供应过程应用物联网技术进行物料追踪能确保供应过程中的连续性；产品设计模块是指物联网技术应用于产品设计、改变产品功能甚至创造全新产品；生产追踪模块是指将物联网技术应用于原材料，生产过程中的存货、完成品甚至生产过程装配状态的追踪；质量控制模块是指将物联网技术应用于生产过程中的质量控制；储运处理模块是指将物联网技术应用于仓储和运输过程中的降低物料处理时间、优化运输方案、减少运输延迟、提升空间利用效率等；资产管理模块是指将物联网技术应用于管理多种数量庞大的资产以及跟踪可重复利用的资产，从而导致较好的资产利用、提升的逆向物流以及较低的资本成本；顾客服务模块是指将物联网技术应用于帮助提升顾客服务和产品召回。

6.2　设计规则与物联网商业模式的类型

由前文可知，物联网商业模式由独立设计但又能功能整合的模块组成。除了模块，在设计物联网商业模式时也需处理两类信息（Baldwin & Clark，1997；青木昌彦和安藤晴彦，2003）：一类为看得见的设计规则（也被称为看得见的信息），另一类为看不见的设计参数（也被称为看不见的信息）。看得见的设计规则决定了不同的模块如何工作在一起，从而获取模块之间的兼容性。不同的模块必须绝对遵循这些规则。但模块设计者可以广泛自由地尝试多种设计方法，只要他们确保能够遵循模块相互适应的这些看得见的设计规则。在物联网商业模式中，看得见的设计规则包括三类（Baldwin & Clark，1997）：结构，它定义和说明了构成物联网商业模式的模块及其功能；界面，它详细描述了物联网商业模式各个模块如何交互，包括它们如何适应、联结和沟通；标准，它可以验证和测试物联网商业模式各个模块是否遵守设计规则以及测量这些模块相对其他模块的绩效。在物联网商业模式中，看不见的设计参数是一种仅限于一个模块之内、对其他模块的设计没有影响的决策。模块设计者可以采用他们认为最好的方法去设计模块，而不必与其他模块、系统结构或看得见的设计规则的设计者进行沟通，只要他们遵守看得见的设计规则。

在这两类设计规则中，对于看不见的设计参数，企业用户在设计物联网商业模式时很难进行干预和处理，因为它是隐藏的信息，由各个模块设计者独立决策；而对于看得见的设计规则，企业用户能够进行干预和处理，因为它是看得见的信息，决定了企业用户自身物联网商业模式的各个模块的联系规则和界面状态。参照青木昌彦和安藤晴彦（2003）的研究，我们可以将企业用户干预和处理看得见的设计规则划分为三种形式，相应地，可将物联网商业模式划分为三种形态——金字塔形分割与封闭的物联网商业模式、信息同化型联系与开放的物联网商业模式以及信息异化型联系与自适应的物联网商业模式。

金字塔形分割是指在设计物联网商业模式时，仅由企业用户决定和改变系统的看得见的设计规则，各模块设计者在企业用户发出"看得见的信息"的条件下负责处理各自模块所必需的看不见的信息，如图 6 - 2 所示。经金字塔形分割操作得到的物联网商业模式是一种封闭的形态，因为企业用户自己决定看得见的设计规则。它对应着这样一种情景：企业用户根据自身业务需要制定看得见的设计规则，然后从外部采购相应的技术模块以及从内部选择相应的业务模块，并按看得见的设计规则对这些模块进行整合从而形成物联网商业模式。

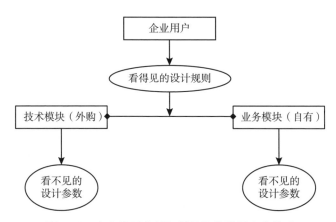

图 6 - 2　金字塔形分割与封闭的物联网商业模式

信息同化型联系是指在设计物联网商业模式时，企业用户与模块设计者共同决定和改变系统的看得见的设计规则，如图 6 - 3 所示。经信息同化型联系操作得到的物联网商业模式是一种开放的形态，因为企业用户开始与模块设计者一道共同决定看得见的设计规则。它对应着这样一种情景：企业用户根据自身业务需要与外部的技术供应商和外部的业务伙伴共同制定看得见的设计规则，然后从外部技术供应商处采购相应的技术模块以及从外部业务伙伴处选择相应的业务模块，并按看得见的设计规则对这些模块以及自身内部的业务模块进行整合从而形成物联网商业模式。

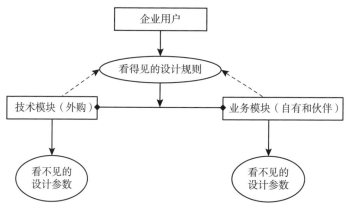

图 6－3　信息同化型联系与开放的物联网商业模式

信息异化型联系是指在设计物联网商业模式时，企业用户与技术供应商、业务伙伴具有同等地位甚至后二者占据主导地位，各主体独立于其他主体提出可能不一定相同的看得见的设计规则，并就其他主体提出的看得见的设计规则进行不断交换、筛选、比较和整合，如图 6－4 所示。经信息异化型联系操作得到的物联网商业模式是一种自适应的形态，因为包括企业用户在内的各主体对其他主体反馈的看得见的设计规则进行不断地处理、筛选和整合，从而能够促进物联网商业模式进化发展。它对应着这样一种情景：企业用户根据自身业务需要嵌入技术供应商或业务伙伴的物联网商业模式中，且与后两者不断进行着交互与变革。

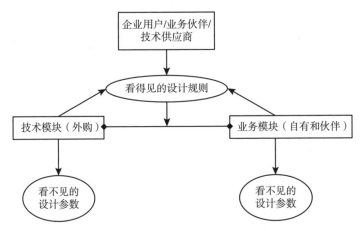

图 6 - 4　信息异化型联系与自适应的物联网商业模式

6.3　模块整合与物联网商业模式的构建

按照青木昌彦和安藤晴彦的观点，模块整合是指按照某种联系规则将可进行独立设计的子系统（模块）统一起来，构成更加复杂系统或过程的行为（青木昌彦和安藤晴彦，2003）。将模块整合观点引入到物联网商业模式中去，不难看出物联网商业模式构建可以通过整合物联网商业模式各个构成模块实现。物联网商业模式中的模块整合可以被划分为三个层次，如图 6 - 5 所示。

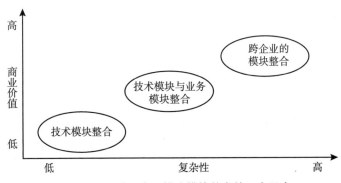

图 6 - 5　物联网商业模式模块整合的三个层次

第一个层次的模块整合为技术模块整合。它主要是指企业用户部署应用射频识别、二维码、传感器等物联网技术及其配套软件系统，并将这些组件整合到组织的现有 IT 基础设施中去。此时，企业用户应用物联网技术一般并不包括重新设计现有业务流程、产品或服务。如果成功，企业用户也将实现提升物料追踪和降低缺陷发生等预期收益。尽管此时的物联网商业模式带来的效应主要集中在战术层次，值得指出的是这些实践带有试验的性质，且对于吸收新技术、减少风险和对于帮助更好地获取大规模应用下的投资回报有很大的帮助。

第二个层次的模块整合为技术模块与业务模块整合。它主要是指随着技术应用的成熟和操作能力的提高，企业用户有效应用物联网技术再造现有的业务流程、产品或服务。技术模块与业务模块整合显然比单纯的技术模块整合复杂，因为从实践来看改变业务流程、产品或服务远比改变组织的 IT 基础设施要复杂。然而如果成功，企业将会从物联网技术的应用中获取更大价值，如流程自动化、闭环追踪、创造满足顾客个性化需求的产品和服务等。

第三个层次的模块整合为跨企业的模块整合。这种整合主要是指来自物联网技术供应商、企业用户及其业务伙伴的各个模块被整合到一个有目的的系统中去创造价值和提升绩效。此时的物联网商业模式具有了跨企业边界的性质，其参与主体不仅包括企业用户及其业务伙伴，也包括物联网技术供应商。毋庸置疑，此时的商业价值不再仅仅局限于提升和改变企业用户内部的业务流程、产品或服务，更为重要的是它成了企业用户一种新的事关战略和业务运营的模式以及提升了企业用户供应链的可视性乃至再造了企业用户的供应链。

6.4　基于模块化的物联网商业模式研究结果

企业用户物联网商业模式已经引起理论与实践的极大兴趣，但人们对于物联网商业模式的复杂结构、可能形态和构建路径等问题还缺乏深入的认识。企业用户物联网商业模式是一种复杂系统且符合模块化结构事实标准的特性使得从模块化角度解析它成为可能。因此，本章将模块化理论与工具引入企业用户物联网商业模式研究领域，着重探讨它的复杂结构、可能形态和构建路径等问题，主要取得了以下一些结论：

首先，企业用户物联网商业模式是由能够独立设计而又功能集成的技术模块和业务模块构成，各个模块在隐藏的设计参数的作用下能够平行设计和独立创新，同时在遵循看得见的设计规则的条件下能够保持兼容性和整体性。

其次，企业用户处理物联网商业模式看得见的设计规则包括金字塔形分割、信息同化型联系与信息异化型联系三种类型，进而形成三种物联网商业模式：封闭型物联网商业模式、开放型物联网商业模式与自适应型物联网商业模式。

最后，企业用户物联网商业模式构建就是按照某种看得见的规则将可进行独立设计的技术模块、业务模块整合起来，构成更加复杂系统的行为，这种整合包括技术模块整合、技术模块与业务模块整合、跨企业的模块整合三个层次。

本章的理论贡献在于引入模块化理论视角解析了企业用户物联网商业模式，初步回答了企业用户物联网商业模式的复杂结构、可能形态和构建路径等问题。本章的实践意义在于本章结论可以初步指导企业用户根据业务需要界定构成模块设计物联网商业模式结构、处理设计规则选择物联网商业模式形态以及整合相关模块完成物联网商业模式构建。本章研究也存在一些不足，突出表现在缺乏实证分析。因此，后续研究可考虑进行实证研究，验证和完善本章的研究结论。

第7章　基于双重网络嵌入与价值模块整合的物联网商业模式构建路径

7.1 物联网商业模式构建路径问题的提出

当前，理论界与实践界都认为企业需要构建恰当的物联网商业模式，从而有效地释放和获取物联网技术的商业价值（Glova，Sabol & Vajda，2014）。然而，对于企业来说，一个现实问题是如何构建物联网商业模式？想要回答这一问题，企业不仅需要知道物联网商业模式构建的内容，而且需要知道物联网商业模式构建的路径。本书前述章节已就物联网商业模式的维度、构成要素和类型作了较为深入的探讨，尽管明晰了物联网商业模式构建的内容，但由于缺乏物联网商业模式影响因素及其之间关系的研究，而未有揭示物联网商业模式的构建路径。从基础性的有关商业模式的文献来看，它们主要探讨了商业模式的类型及其对企业绩效的影响（Zott & Amit，2008；王翔，李东和张晓玲，2010；胡保亮，2012），然而由于较少关注商业模式的影响因素及其之间的关系，无法揭示商业模式的构建路径，也就无法指导物联网商业模式如何构建。

物联网不仅是一个物物相连的物理网络，也是连接设备供应商、软件供应商、系统集成商、网络运营商、企业用户及其业务伙伴等相关主体的价值网络（Atzori，Iera & Morabito，2010；Fleisch，2010）。在这种价值网络中，设备供应商、软件供应商、系统集成商与网络运营商等相关主体组成了技术子网络，企业用户及其业务伙伴等相关主体组成了业务子网络。技术子网络与业务子网络中的各个主体提供了物联网商业模式的微观基础——价值模块。按照一定规则对这些价值模块进行创造性的整合，不仅形成物联网技术的价值主张，而且形成物联网价值创造的模式和价值传递的通道，从而使技术子网络与业务子网络中的各个主体都能获取价值。因此，构建物联网商业模式是一个对包括企业用户在内的技术子网络与业务子网络中的相关主体价值模块进行整合的过程。这也意味着物联网商业模式是一个跨企业边界的分布式体系，并对传统的交易关系构成了挑战。相应地，企业用户必须同时嵌入技术子网络与业务子网络。因为网络嵌入能够显著促进合作、知识交流与共同学习、能力互补以及降低交易成本（Dyer & Singh，1998），从而有利于用户企业有效地协同业务子网络与技术子网络中的各个相关主体进行价值模块整合。

综上所述，本章旨在探讨双重网络嵌入（技术子网络嵌入、业务子网络嵌入）、价值模块整合对物联网商业模式的影响，以及双重网络嵌入、价值模块整合在影响物联网商业模式中的关系，从而揭示物联网商业模式的构建路径机制，以及为物联网商业模式构建实践提供依据。

7.2 物联网商业模式构建路径的研究假设

7.2.1 双重网络嵌入与物联网商业模式的关系

传统资源观视角的研究认为企业内部资源是商业模式要素之一，是构建商业模式的基础（Hamel，2000；张玉利，田新和王晓文，2009）。然而，资源不仅包括企业内部资源，也包括存在于企业间关系中的网络资源（Gulati，1999），如多样化的知识、知识共享惯例、基于特定关系的互补资源等（Dyer & Singh，1998）。网络嵌入被视为获取网络资源的源泉，并能整合资源进而发展出新的网络资源，从而能够影响企业的行为和绩效（Gulati，1999）。网络嵌入研究兴起于经济社会学"嵌入"理论的提出（Granovetter，1985）和组织间网络研究的进展（Gulati，1999）。格兰诺维特（Granovetter，1985）提出经济行为在社会网络中的嵌入问题，即经济行为受行动者之间相互关系以及行动者所在更大网络结构的影响。网络嵌入包含两个方面的要素：关系要素，它强调信任、信息共享与共同解决问题等二元关系对企业行为和绩效的影响

（McEvily & Marcus，2005；胡保亮和方刚，2013）；结构要素，它强调网络规模、网络密度和企业在网络中的中心性对企业行为和绩效的影响（Granovetter，1985；张方华，2010）。

多明戈斯－佩里、爱杰荣和纽伯特（Dominguez-Pery，Ageron & Neubert，2013）指出，在物联网技术商业化的过程中，企业需要建立和维持两种协作网络：业务网络，由企业及其供应商、分销商、物流服务提供商等构成；技术网络，由物联网技术的设备供应商、软件供应商、系统集成商与网络运营商等构成。他们进一步指出企业在这两种协作网络中形成的嵌入关系（如信任关系）对于物联网技术商业化至关重要，因为企业并不可能拥有物联网技术商业化所必需的所有能力，需要通过嵌入关系在协作网络中寻求缺失的能力。此外，恩盖、乔、普恩、陈、陈和吴（2012）指出，在物联网技术商业化的过程中，技术子网络嵌入能够帮助企业设计和开发更有针对性的物联网技术系统，提升和改进对应的业务流程，进而能为企业带来更大的商业价值。特塞、李和吴（2010）指出，在物联网技术商业化的过程中，企业越是深深嵌入于业务子网络，物联网技术创造的价值越大，因为它是跨组织边界的技术，当企业及其业务伙伴都应用它时，它的有用性才能提升。综上所述，本章提出如下研究假设：

假设 H1：双重网络嵌入对物联网商业模式具有显著的正向影响。

假设 H1a：技术子网络嵌入对物联网商业模式具有显著的正向影响。

假设 H1b：业务子网络嵌入对物联网商业模式具有显著的正向影响。

7.2.2 价值模块整合与物联网商业模式的关系

模块化是管理复杂系统的有效方法（Baldwin & Clark，1997）。模块整合是模块化的重要过程，它是指按照某种联系规则将可进行独立设计的子系统（模块）统一起来，构成更加复杂系统或过程的行为（青木昌彦和安藤晴彦，2003）。越来越多的学者视商业模式为复杂系统，并进一步认为价值模块整合形成商业模式。例如，陈和程（Chen & Cheng，2010）指出移动服务提供商的商业模式是由移动服务提供商、消费者、运营商、内容商以及移动和电信产业其他相关主体的价值模块整合而成；蒂斯（2010）指出新的商业模式的形成就是对现有商业模式进行系统解构或拆解，然后对每一个元素或模块进行评估，在此基础之上进行优化或更换，最后进行系统整合。

物联网商业模式亦符合鲍德温和克拉克（2006）的模块化结构事实标准，即物联网商业模式是一种嵌套的层级体系，来自企业用户及其业务伙伴、设备供应商、软件供应商、系统集成商、网络运营商等组织的价值模块联系紧密但又独立于其他单元，功能确定但又以协调的方式运作。例如，艾迪卓瑞、依亚、莫拉比托和尼蒂（Atzori，Iera，Morabito & Nitti，2012），博尔吉亚（Borgia，2014）指出物联网技术的商业化应用系统包括感知子系统（模块）（它的主要功能是信息收集）、网络子系统（模块）（它的主要功能是信息传输）与业务应用子系统（模块）（它的主要功能是改进或创新业务流程和产品），这些子系统（模块）来自于不同的主体，联系紧密但又独立于其他子系统（模块），功能确定但又以协调的方式运作。因此，不难看出，按照某种联系规则将这些可进行独立设计的子系统（模块）整合统一起来，就形成了物联网商业模式。综上所述，本章提出如下研究假设：

假设 H2：价值模块整合对物联网商业模式具有显著的正向影响。

7.2.3　双重网络嵌入与价值模块整合的关系

在物联网技术商业化的过程中，来自技术供应商的价值模块与来自企业的价值模块整合存在许多问题。例如，技术供应商通常提供标准化的和非柔性的技术或系统而不管企业的个性化需求和特殊环境；又如，技术供应商提供的系统很难与企业系统互通，因为后者已经使用了许多信息系统，甚至这些系统可能是由技术供应商的竞争对手开发的（Fisher & Monahan，2008）。技术子网络嵌入，例如企业与技术供应商的垂直协调和紧密关系，能够推进企业与技术供应商之间的信息共享和联合解决问题，也能推进企业与技术供应商之间建立清晰的系统集成规则，从而提升技术供应商技术或系统的顾客化水平和兼容性水平，最终帮助企业有效解决上述问题（Chang，Hung，Yen & Chen，2008）。

业务子网络嵌入对价值模块整合的影响主要体现在两个方面。首先，业务子网络嵌入影响了价值模块整合意愿。例如，惠特克、米萨斯和克里希南（2007）发现企业会通过伙伴关系或他们的权力去消除他们的业务伙伴在采纳应用物联网这种组织间信息技术及进行相关价值模块整合方面的抵制。其次，业务子网络嵌入影响了价值模块整合效果。一个物联网应用连接着供应链上多个业务伙伴及他们现有的系统，而每个企业或许同时参与多个物联网应用，而这些应用服务于不同的供应链，因此跨越企业与业务伙伴边界的价值模块整合不可避免地会出现混乱（Cao，Folan，Mascolo & Browne，2009）。业务子网络嵌入不仅能够促进企业与其业务伙伴之间标准的形成，而且能够促进企业与其业务伙伴之间的操作集成，进而消除混乱和降低风险（Whitaker，Mithas & Krishnan，2007）。综上所述，本章提出如下研究假设：

假设 H3：双重网络嵌入对价值模块整合具有显著的正向影响。

假设 H3a：技术子网络嵌入对价值模块整合具有显著的正向影响。

假设 H3b：业务子网络嵌入对价值模块整合具有显著的正向影响。

7.2.4 价值模块整合的中介作用

以上分别论证了双重网络嵌入与物联网商业模式的关系、双重网络嵌入与价值模块整合的关系、价值模块整合与物联网商业模式的关系。综合这些观点，可以看出价值模块整合在双重网络嵌入对物联网商业模式的影响中起中介作用。因此，本章提出如下研究假设：

假设 H4：价值模块整合在双重网络嵌入对物联网商业模式的影响中起中

介作用。

假设 H4a：价值模块整合在技术子网络嵌入对物联网商业模式的影响中起中介作用。

假设 H4b：价值模块整合在业务子网络嵌入对物联网商业模式的影响中起中介作用。

汇总前文研究假设，形成如图 7-1 所示的物联网商业模式构建路径研究模型。

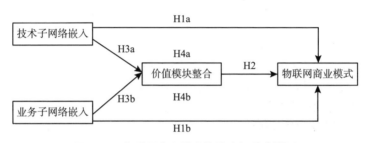

图 7-1　物联网商业模式构建路径研究模型

7.3　物联网商业模式构建路径的假设检验

7.3.1　数据收集与变量测量

基于本书第 3.1 节中的大样本数据（142 份有效问卷数据）进行假设检验。变量测量采用 Likert 七级量表形式。为了提高信度和效度，变量测量主要借鉴相关文献中较为成熟的量表，具体来说，借鉴麦克埃维利和马库斯（McEvily & Marcus，2005），林、S. C. 方、S. R. 方和特塞（Lin, Fang, Fang & Tsai，2009）研究，从关系嵌入和结构嵌入两个方面分别使用 4 个题项测量技术子网络嵌入与业务子网络嵌入，如表 7-1 所示；参考鲍德温和克

拉克 (Baldwin & Clark, 1997)，伯德和特纳 (Byrd & Turner, 2000)，沃润，摩尔和卡尔多纳 (Worren, Moore & Cardona, 2002) 研究，从流程模块整合和技术模块整合两个方面共计使用 12 个题项测量价值模块整合，如表 7 - 1 所示；基于本书第 5 章的研究，使用 12 个题项从物联网商业模式输入（物联网的技术能力）与物联网商业模式输出（物联网的商业价值）集成的角度测量物联网商业模式，如表 7 - 1 所示。此外，选取企业规模、企业年龄作为控制变量：前者以销售收入来测量，后者用企业成立所在年份与问卷调查所在年份之间的年数来表征。

表 7 - 1　　　　　　　　　　**变量信度与效度分析结果**

变量及其测量	因子负载
技术子网络嵌入 (Cronbach's alpha = 0.891)（在应用物联网技术的过程中）：	
1. 我们的技术供应商是诚实和值得信任的	0.781
2. 我们的技术供应商能够向我们分享信息	0.834
3. 技术供应商与我们能互相帮助解决问题	0.776
4. 与我们保持联系的技术供应商数量很多	0.724
业务子网络嵌入 (Cronbach's alpha = 0.878)（在应用物联网技术的过程中）：	
1. 我们的业务伙伴是诚实和值得信任的	0.754
2. 我们的业务伙伴能够向我们分享信息	0.786
3. 业务伙伴与我们能互相帮助解决问题	0.821
4. 与我们保持联系的业务伙伴数量很多	0.717
价值模块整合 (Cronbach's alpha = 0.918)（在应用物联网技术的过程中）：	
1. 我们改变现有的业务流程时不需要重新设计其他的业务流程	0.577
2. 我们能够确保现有业务流程间的兼容	0.665
3. 我们能够实现现有业务流程协同工作	0.772
4. 我们可以增加新颖的流程来提升现有业务流程体系的适应性	0.788
5. 我们能够确保新增加的新颖流程与现有业务流程体系的兼容	0.771
6. 我们能够实现新增加的新颖流程与现有业务流程体系协同工作	0.750

续表

变量及其测量	因子负载
7. 我们改变现有的技术模块时不需要重新设计其他的技术模块	0.614
8. 我们能够确保现有技术模块间的兼容	0.783
9. 我们能够实现现有技术模块协同工作	0.821
10. 我们可以增加新颖的技术模块来提升现有技术体系的适应性	0.752
11. 我们能够确保新增加的新颖技术模块与现有技术体系的兼容	0.720
12. 我们能够实现新增加的新颖技术模块与现有技术体系协同工作	0.804
物联网商业模式（Cronbach's alpha = 0.941）（我们应用的物联网技术）：	
1. 能够自动识别和获取信息，从而支持改进现有产品或服务	0.690
2. 能够自动识别和获取信息，从而支持提升内部流程的效率	0.747
3. 能够自动识别和获取信息，从而支持提升供应链流程的效率	0.774
4. 能够自动识别和获取信息，从而支持开发新的产品或服务	0.761
5. 能够自动识别和获取信息，从而支持引入新的内部流程	0.792
6. 能够自动识别和获取信息，从而支持引入新的供应链流程	0.843
7. 能够自动分析和运用信息，从而支持改进现有产品或服务	0.819
8. 能够自动分析和运用信息，从而支持提升内部流程的效率	0.780
9. 能够自动分析和运用信息，从而支持提升供应链流程的效率	0.804
10. 能够自动分析和运用信息，从而支持开发新的产品或服务	0.824
11. 能够自动分析和运用信息，从而支持引入新的内部流程	0.761
12. 能够自动分析和运用信息，从而支持引入新的供应链流程	0.771

7.3.2 信度与效度分析

本章使用 Cronbach's alpha 评估测量的信度。由于所有变量的 Cronbach's alpha 都大于 0.7（如表 7 - 1 所示），因此这些测量在信度上是可以被接受的。本章研究评估的效度包括内容效度、收敛效度和区分效度。内容效度是非统计评估的效度。本章研究中的测量在内容效度上是可以被接受的，因为这些测量题项主要来自于先前的文献。参考以往学者的研究（Jansen，

George，Van den Bosch & Volberda，2008），本章研究使用探索性因子分析评估收敛效度和区分效度，结果显示每个题项都清晰地落在它们的假设因子上，而且每个题项的因子负载都大于 0.5 的临界值，结果如表 7 − 1 所示。因此，本章研究中的测量在收敛效度和区分效度上也是可以被接受的。

7.3.3　共同方法偏差分析

在本章研究数据收集过程中，由于一份问卷由一个评价者自评完成，因此，可能存在着共同方法偏差问题。为此，按照学者们的建议（Podsakoff，MacKenzie，Lee & Podsakoff，2003），本章研究进行了 Harman 单因素检验。对所有题项一起进行探索性因子分析，结果发现共析出了 4 个因子，共解释了 69.198% 的总变异量，其中第一个因子解释 20.714% 的总变异量。可以看出，并不存在一个因子解释大多数变异的情况。因此，可以认为本章研究中的共同方法偏差问题并不严重。

7.3.4　实证分析与假设检验

在使用层次回归分析方法检验相关假设之前，分析了变量之间的两两相关关系，结果如表 7 − 2 所示。从表 7 − 2 可以看出，技术子网络嵌入、业务子网络嵌入、价值模块整合与物联网商业模式之间存在着显著的相关关系，这些相关关系为本章研究的假设预期提供了初步证据。

表 7 − 2　　　　　　　　　变量描述性统计及相关关系

变量	1	2	3	4	5	6
1. 企业年龄	1					
2. 企业规模	0.363 ***	1				
3. 技术子网络嵌入	0.050	0.038	1			

续表

变量	1	2	3	4	5	6
4. 业务子网络嵌入	0.094	0.057	0.790 ***	1		
5. 价值模块整合	0.036	− 0.044	0.702 ***	0.573 ***	1	
6. 物联网商业模式	0.055	− 0.091	0.543 ***	0.452 ***	0.724 ***	1
Mean	17.007	4.718	5.180	5.220	4.976	5.133
S. D.	11.668	1.914	1.084	1.060	0.934	0.974

注： *** $p < 0.001$ 。

为了检查双重网络嵌入与物联网商业模式的关系，本章研究建立了 3 个回归模型（如表 7 – 3 所示）：模型 1 检查控制变量（企业年龄、企业规模）与物联网商业模式的关系；模型 2、模型 3 分别在模型 1 的基础上增加变量技术子网络嵌入、业务子网络嵌入，检查它们与物联网商业模式的关系。如表 7 – 3 所示的研究结果显示，技术子网络嵌入（ $\Delta R^2 = 29.5\%$ ， $\beta = 0.544$ ， $p < 0.001$ ）、业务子网络嵌入（ $\Delta R^2 = 20.4\%$ ， $\beta = 0.454$ ， $p < 0.001$ ）分别对物联网商业模式具有显著的正向影响。因此，假设 H1（H1a、H1b）成立。

表 7 – 3　　双重网络嵌入、价值模块整合与物联网商业模式间的关系

自变量	因变量					
	物联网商业模式			价值模块整合		
	模型 1	模型 2	模型 3	模型 4	模型 5	模型 6
企业年龄	0.101	0.078	0.063	0.059	0.030	0.010
企业规模	− 0.128	− 0.140	− 0.140	− 0.065	− 0.082	− 0.080
技术子网络嵌入		0.544 ***			0.704 ***	
业务子网络嵌入			0.454 ***			0.577 ***
F 统计值	1.215	20.890 ***	13.045 ***	0.348	45.748 ***	23.126 ***
R^2	0.017	0.312	0.221	0.005	0.499	0.335
调整后 R^2	0.003	0.297	0.204	− 0.009	0.488	0.320

注： *** $p < 0.001$ 。

本章研究在模型 1 的基础上增加变量价值模块整合建立模型 7，检查价值模块整合与物联网商业模式的关系，研究结果如表 7-4 所示。从表 7-4 可以看出，价值模块整合对物联网商业模式具有显著的正向影响（$\Delta R^2 = 51.4\%$，$\beta = 0.719$，$p < 0.001$）。因此，假设 H2 成立。

表 7-4　　　　　　　　　　价值模块整合的中介作用

自变量	因变量		
	物联网商业模式		
	模型 7	模型 8	模型 9
企业年龄	0.059	0.059	0.056
企业规模	-0.081	-0.086	-0.085
技术子网络嵌入		0.076	
业务子网络嵌入			0.058
价值模块整合	0.719***	0.665***	0.685***
F 统计值	52.120***	39.263***	39.159***
R^2	0.531	0.534	0.533
调整后 R^2	0.521	0.520	0.520

注：*** $p < 0.001$。

为了检查双重网络嵌入与价值模块整合的关系，本研究也建立了 3 个回归模型（如表 7-3 所示）：模型 4 检查控制变量（企业年龄、企业规模）与价值模块整合的关系；模型 5、模型 6 分别在模型 4 的基础上增加变量技术子网络嵌入、业务子网络嵌入，检查它们与价值模块整合的关系。从表 7-3 所示的研究结果可以看出，技术子网络嵌入（$\Delta R^2 = 49.4\%$，$\beta = 0.704$，$p < 0.001$）、业务子网络嵌入（$\Delta R^2 = 33.0\%$，$\beta = 0.577$，$p < 0.001$）均对价值模块整合具有显著的正向影响。因此，假设 H3（H3a、H3b）成立。

按照以往学者关于中介效应检验的建议（Baron & Kenny，1986），本章研究在以上自变量（技术子网络嵌入、业务子网络嵌入）与因变量（物联网商业模式）关系、自变量与中介变量（价值模块整合）关系、中介变量与因变量关系都显著的基础上，建立模型 8 和模型 9，检查价值模块整合的中介作用，如表 7–4 所示。对比模型 8（如表 7–4 所示）和模型 2（如表 7–3 所示）的结果，在加入价值模块整合这个中介变量后，技术子网络嵌入对物联网商业模式的影响效应减弱（β 由 0.544 降为 0.076）且不再显著（p > 0.1），表明价值模块整合在技术子网络嵌入对物联网商业模式的影响中起到中介作用，且这种中介作用是完全中介作用。同理，对比模型 9（如表 7–4 所示）和模型 3（如表 7–3 所示）的结果，可以发现价值模块整合在业务子网络嵌入对物联网商业模式的影响中亦起完全中介作用。因此，假设 H4（H4a、H4b）成立。

7.4 物联网商业模式构建路径的研究结果

在理论研究与统计分析的基础上，本章着重探讨了双重网络嵌入（业务子网络嵌入、技术子网络嵌入）、价值模块整合与物联网商业模式之间的关系，主要取得了以下研究结论：第一，业务子网络嵌入、技术子网络嵌入、价值模块整合对物联网商业模式具有显著的正向影响；第二，业务子网络嵌入、技术子网络嵌入对价值模块整合具有显著的正向影响；第三，价值模块整合分别在业务子网络嵌入、技术子网络嵌入对物联网商业模式的影响中起完全中介作用。

本章研究具有三个方面的理论贡献。首先，揭示了物联网商业模式构建的路径机制。以往文献主要从物联网商业模式的维度、构成要素和类型角度探讨了物联网商业模式构建的内容，未有揭示物联网商业模式构建的路径。而本章揭示了从双重网络嵌入（业务子网络嵌入、技术子网络嵌入）到价值模块整合再到物联网商业模式的构建路径。其次，本章找到了社会网络与物联网研究的结合点。近年来，越来越多的学者将社会网络范式引入到物联网研究领域。他们的一个主要观点就是智能物体所有者的社会网络关系能够促进智能物体形成网络效应和提供有效服务（Atzori，Iera，Morabito & Nitti，2012；Borgia，2014）。然而，他们并未指出这一过程是如何发生的或社会网络与物联网研究的结合点。本章研究发现企业（智能物体所有者）的业务子网络嵌入、技术子网络嵌入（社会网络关系）能够促进企业整合和连接不同主体的价值模块，并进而促进物联网技术跨企业边界的应用和创造价值（智能物体形成网络效应和提供有效服务）。这就意味着价值模块整合是这一过程发生的关键环节，同时也意味着价值模块整合是社会网络与物联网研究的一个结合点。最后，本章研究初步搭建了"网络资源——网络流程——网络价值创造"分析框架。以往研究割裂了网络嵌入（网络资源）、价值模块整合（网络流程）、商业模式（网络价值创造）之间的关系。网络价值创造跨越多个研究领域（Casadesus-Masanell & Ricart，2010），只有结合网络资源观、网络流程观等不同理论流派才能有效地解释网络价值创造。本章研究聚焦它们之间的关系，发现价值模块整合（网络流程）在双重网络嵌入（网络资源）对物联网商业模式（网络价值创造）的影响中起到完全中介作用，初步厘清了网络资源、网络流程与网络价值创造之间的关系。

本章研究具有两个方面的管理启示。首先，企业可以采用模块化思路和方法管理物联网商业模式。物联网商业模式符合鲍德温和克拉克（2006）的模块化结构事实标准。相应地，企业可以根据业务需要识别来自它们内部的以及外部不同主体的价值模块，在激发这些价值模块平行设计和独立创新动力的基础上，设计和优化看得见的设计规则，提升这些价值模块的兼容性和整体性，进而提升物联网技术应用的速率和质量，以及推进物联网商业模式的柔性和演进。其次，企业应该同时实现技术子网络嵌入与业务子网络嵌入。本章发现物联网商业模式的构建是按照"双重网络嵌入——价值模块整合——物联网商业模式"的路径实现的。因此，企业应该通过管理网络关系和优化网络位置实现技术子网络嵌入与业务子网络嵌入，在此基础上，积极整合和协调来自技术子网络与业务子网络中不同主体的价值模块，从而构建起它们的物联网商业模式。

第 8 章　物联网商业模式构建中的
　　　　价值模块整合双元性

8.1 价值模块整合双元性问题的提出

物联网是跨企业的信息技术，它的应用涉及企业及其业务伙伴、设备供应商、软件供应商、系统集成商、网络运营商等相关主体（Atzori，Iera & Morabito，2010；Fleisch，2010）。抽象地来看，物联网创造和传递价值需要企业对来自各个主体的技术模块（如信息感知模块、信息传输模块、业务应用系统）、业务模块（如流程、产品或服务）按照一定规则整合起来形成有目标的复杂系统（Atzori，Iera，Morabito & Nitti，2012；Borgia，2014）。从这个角度来看，物联网商业模式构建是个价值模块整合的过程。

然而，企业在整合相关主体价值模块构建物联网商业模式的过程中还面临窘境。一方面，它们必须同时进行两类价值模块整合活动：出于提升当前竞争力的需要，它们必须追求效率，即利用和整合现有的价值模块（如现有的技术模块、现有的流程、产品或服务）；出于提升未来竞争力的需要，它们必须追求新颖，即开发和整合新的价值模块（如新的技术模块、新的流程、产品或服务）。另一方面，利用和整合已有的价值模块与开发和整合新的价值模块由于目标不同而需要不同的结构、流程、资源、惯例和文化，因而二者之间又是相互排斥和矛盾的，似乎是难以同时进行的。

在组织设计、战略管理、组织学习、技术创新等领域，也经常出现类似对立和冲突，如低成本与差异化、搜索深度与搜索宽度、探索性创新与利用性创新（Raisch & Birkinshaw，2008）。在这些领域中，传统观点认为这些活动既然是矛盾的，那么就应该取舍；而双元观点认为这些活动具有不同的价值，都是需要的，且它们能够相互依存并同时进行（Raisch & Birkinshaw，2008；Hu & Chen，2016）。那么，物联网商业模式构建中的两类价值模块整合活动，到底应该取舍还是共存？若是共存的话，应该保持二者相对平衡还是追求二者组合效应？对于这些问题，以往研究尚不能回答。因此，本章聚焦这些问题展开研究。

8.2 价值模块整合双元性的研究假设

8.2.1 价值模块整合双元性

模块整合起源于模块化，它是指按照某种联系规则将可进行独立设计的子系统（模块）统一起来，构成更加复杂系统或过程的行为（青木昌彦和安藤晴彦，2003）。前文已经指出物联网商业模式构建是个价值模块整合的过程。商业模式文献亦印证这个观点，即价值模块整合形成商业模式，例如，一些学者指出商业模式是由一系列组件构成，且受内部核心组件自愿性和突发性变化影响，总是不断演化（Sosna，Trevinyo-Rodríguez & Velamuri，2010）；朱瑞博（2003）发现价值模块是产业融合的载体，价值模块整合促进了产业融合，而产业融合促进了新的商业模式形成（王惠芬，赖旭辉和郑江波，2010）。

物联网商业模式构建过程中存在两类价值模块整合。一类强调利用和整合现有的价值模块（如现有的技术模块、现有的流程、产品或服务），属于利用的范畴。因为它强调效率，本章称之为利用性价值模块整合。另一类强调开发和整合新的价值模块（如新的技术模块、新的流程、产品或服务），属于探索的范畴。因为它强调创新，本章称之为探索性价值模块整合。利用性价值模块整合活动与改良、提升、路径依赖、机械结构等组织流程和结构有关，探索性价值模块整合活动与探索、试验、路径突破、有机结构等组织流程和结构有关，因而二者之间又是相互排斥和矛盾的，似乎是难以同时进行的。

尽管如此，物联网商业模式构建中的价值模块整合活动应该是双元的，即企业在构建物联网商业模式时应该同时进行利用性价值模块整合和探索性价值模块整合。对于企业来说，物联网商业模式设计主题包括效率和新颖，前者侧重借助物联网技术提升现有流程、产品或服务，后者侧重借助物联网技术引入新的流程、产品或服务（胡保亮，2015b）。而利用性价值模块整合和探索性价值模块整合由于它们分别强调效率和创新而促进了物联网商业模式效率和新颖设计主题的实现。因此，它们都是物联网商业模式构建所必不可缺的。

尽管利用性价值模块整合和探索性价值模块整合是对立的，企业同时进行这两类价值模块整合活动也是可能的。因为，组织双元性文献为同时管理两种相互冲突的活动提供了一些解决方案。例如，学者们发现在组织中空间分离相互矛盾的活动并集成这些活动从而能够同时进行这些活动（Jansen，Tempelaar，van den Bosch & Volberda，2009）；组织可以建立一系列促使和鼓励个体自己做出关于如何分配时间满足冲突活动需要的流程或系统，从而同时进行这些活动（Gibso & Birkinshaw，2004）；高管团队知识的多样性有助组织同时进行这些相互冲突的活动（Buyl，Boone & Matthyssens，2012）。

8.2.2 价值模块整合双元性与物联网商业模式的关系

基于组织双元性文献（Cao，Gedajlovic & Zhang，2009；Patel，Terjesen & Li，2012），价值模块整合双元性可被划分为两个维度——平衡维和组合维，它们都能反映和刻画组织同时进行利用性价值模块整合和探索性价值模块整合的现象。价值模块整合双元性的平衡维反映了利用性价值模块整合和探索性价值模块整合之间的平衡或匹配程度，也反映了它们之间的相对大小程度。而价值模块整合双元性的组合维反映了利用性价值模块整合和探索性价值模块整合之间的交互或结合程度，也反映了它们之间的绝对大小程度。

本章预期价值模块整合双元性的平衡维对物联网商业模式具有显著的正向影响。物联网商业模式不仅强调应用物联网技术提升现有流程、产品或服务，而且强调应用物联网技术引入新的流程、产品或服务。这就意味着构建物联网商业模式不仅需要企业利用和整合现有的价值模块（利用性价值模块整合），而且需要企业开发和整合新的价值模块（探索性价值模块整合）。反之，如果企业过分强调利用性价值模块整合而忽略探索性价值模块整合，虽然有助于企业获取物联网技术提升现有流程、产品或服务的商业价值，但不利于企业获取物联网技术引入新的流程、产品或服务的商业价值；如果企业过分强调探索性价值模块整合而忽略利用性价值模块整合，虽然有助于企业获取物联网技术引入新的流程、产品或服务的商业价值，但不利于企业获取物联网技术提升现有流程、产品或服务的商业价值。可见，在构建物联网商业模式的过程中，企业应该保持利用性价值模块整合和探索性价值模块整合的相对平衡。因此，本章提出如下研究假设：

假设 H1：价值模块整合双元性的平衡维对物联网商业模式具有显著的正向影响。

本章认为价值模块整合双元性的组合维对物联网商业模式具有显著的正向影响。这是因为在构建物联网商业模式的过程中，利用性价值模块整合和探索性价值模块整合可以相互支持。首先，利用性价值模块整合有助于探索性价值模块整合。在物联网商业模式构建过程中，反复利用和整合现有的价值模块（利用性价值模块整合）将有助于组织有关价值模块及其整合方面知识、技能和资源的积累，而这些知识、技能和资源是开发、吸收和积累组织开发和整合新的价值模块（探索性价值模块整合）所需知识、技能和资源的基础。这种观点广泛地被吸收能力文献所印证（Cohen & Levinthal, 1990）。其次，探索性价值模块整合有助于利用性价值模块整合。探索性价值模块整合由于强调不断开发和整合新的价值模块，这将促进组织获取新的知识、技能和资源并将它们用于利用和整合现有的价值模块，从而使得利用性价值模块整合更加有效。因此，本章提出如下研究假设：

假设 H2：价值模块整合双元性的组合维对物联网商业模式具有显著的正向影响。

8.2.3　网络嵌入的调节作用

网络嵌入，即企业在其所处网络中的关系和地位，是企业行为和绩效的重要影响因素（Granovetter，1985；Gulati，1999）。由于物联网是跨企业边界的信息技术，相关文献广泛强调企业的网络嵌入对于物联网商业化的重要价值。例如，纽伯特、多明格斯和爱杰荣（2011）指出企业应该沿着供应链协同所有的主要业务伙伴从而促进物联网的应用及其价值创造；恩盖、乔、普恩、陈、陈和吴（2012）指出企业与技术供应商之间的信任关系是企业成功应用物联网的关键。在本章看来，网络嵌入亦能强化价值模块整合双元性与物联网商业模式的关系。资源稀缺被认为是相互冲突活动不能同时进行的一个关键原因（Raisch & Birkinshaw，2008）。网络嵌入被认为促进了外部资源获取（Gulati，1999），进而能够促使企业集成和结合内外部资源同时进行利用性价值模块整合和探索性价值模块整合。此外，网络嵌入能够显著促进合作以及降低交易成本（Dyer & Singh，1998），从而有利于企业协同相关主体同时进行利用性价值模块整合和探索性价值模块整合。因此，本章提出如下研究假设：

假设 H3：网络嵌入强化了价值模块整合双元性对物联网商业模式的影响。

假设 H3a：网络嵌入强化了价值模块整合双元性的平衡维对物联网商业模式的影响。

假设 H3b：网络嵌入强化了价值模块整合双元性的组合维对物联网商业模式的影响。

汇总前文研究假设，形成如图 8－1 所示的物联网商业模式构建中的价值模块整合双元性研究模型。

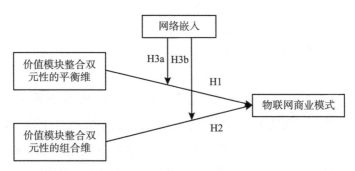

图 8 – 1　物联网商业模式构建中的价值模块整合双元性研究模型

8.3　价值模块整合双元性的假设检验

8.3.1　数据收集与变量测量

基于 142 份有效问卷数据（即本书 3.1 中的大样本数据）进行假设检验。除了企业规模、企业年龄两个控制变量化，其他变量采用了李克特七级量表形式。借鉴以往学者的研究（Cao，Gedajlovic & Zhang，2009；Patel，Terjesen & Li，2012），采用两步法测量价值模块整合双元性，首先参考鲍德温和克拉克（1997），伯德和特纳（2000），沃润、摩尔和卡尔多纳（2002）研究，分别使用 6 个题项测量利用性价值模块整合与探索性价值模块整合，接着在中心化利用性价值模块整合与探索性价值模块整合的基础上，使用二者和的均值测量价值模块整合双元性的组合维，使用二者差的绝对值的相反数测量价值模块整合双元性的平衡维；基于第 5 章的研究，使用 12 个题项测量物联网商业模式；借鉴麦克埃维利和马库斯（2005），林、S.C. 方、S.R. 方和特塞（2009）研究，使用 8 个题项测量网络嵌入。

8.3.2　信度与效度分析

Cronbach's alpha 被用来评估测量的信度。由于所有变量的 Cronbach's alpha 都大于 0.7（如表 8-1 所示），因此这些测量在信度上是可以被接受的。本章研究使用探索性因子分析方法评估测量效度（Jansen，George，Van den Bosch & Volberda，2008），结果显示（如表 8-1 所示）：各个变量的 KMO 取样适当性测量值都大于 0.7，Bartlett 球体检验的近似卡方值的显著性概率都为 0.000（小于 0.001），每个题项都清晰地落在它们的假设因子上，而且每个题项的因子负载都大于 0.5，表明这些测量在效度上也是可以被接受的。

表 8-1　　　　　　　　　　变量信度与效度分析结果

变量及其测量	因子负载
利用性价值模块整合（Cronbach's alpha = 0.830）（在应用物联网技术的过程中）：	
1. 我们改变现有的业务流程时不需要重新设计其他的业务流程	0.577
2. 我们能够确保现有业务流程间的兼容	0.665
3. 我们能够实现现有业务流程协同工作	0.772
4. 我们改变现有的技术模块时不需要重新设计其他的技术模块	0.614
5. 我们能够确保现有技术模块间的兼容	0.783
6. 我们能够实现现有技术模块协同工作	0.821
探索性价值模块整合（Cronbach's alpha = 0.887）（在应用物联网技术的过程中）：	
1. 我们可以增加新颖的流程来提升现有业务流程体系的适应性	0.788
2. 我们能够确保新增加的新颖流程与现有业务流程体系的兼容	0.771
3. 我们能够实现新增加的新颖流程与现有业务流程体系协同工作	0.750
4. 我们可以增加新颖的技术模块来提升现有技术体系的适应性	0.752

续表

变量及其测量	因子负载
5. 我们能够确保新增加的新颖技术模块与现有技术体系的兼容	0.720
6. 我们能够实现新增加的新颖技术模块与现有技术体系协同工作	0.804
物联网商业模式（Cronbach's alpha = 0.941）（我们应用的物联网技术）：	
1. 能够自动识别和获取信息，从而支持改进现有产品或服务	0.690
2. 能够自动识别和获取信息，从而支持提升内部流程的效率	0.747
3. 能够自动识别和获取信息，从而支持提升供应链流程的效率	0.774
4. 能够自动识别和获取信息，从而支持开发新的产品或服务	0.761
5. 能够自动识别和获取信息，从而支持引入新的内部流程	0.792
6. 能够自动识别和获取信息，从而支持引入新的供应链流程	0.843
7. 能够自动分析和运用信息，从而支持改进现有产品或服务	0.819
8. 能够自动分析和运用信息，从而支持提升内部流程的效率	0.780
9. 能够自动分析和运用信息，从而支持提升供应链流程的效率	0.804
10. 能够自动分析和运用信息，从而支持开发新的产品或服务	0.824
11. 能够自动分析和运用信息，从而支持引入新的内部流程	0.761
12. 能够自动分析和运用信息，从而支持引入新的供应链流程	0.771
网络嵌入（Cronbach's alpha = 0.928）（在应用物联网技术的过程中）：	
1. 我们的业务伙伴是诚实和值得信任的	0.754
2. 我们的技术供应商是诚实和值得信任的	0.781
3. 我们的业务伙伴能够向我们分享信息	0.786
4. 我们的技术供应商能够向我们分享信息	0.834
5. 业务伙伴与我们能互相帮助解决问题	0.821
6. 技术供应商与我们能互相帮助解决问题	0.776
7. 与我们保持联系的业务伙伴数量很多	0.717
8. 与我们保持联系的技术供应商数量很多	0.724

8.3.3 实证分析与假设检验

使用层次回归分析方法进行假设检验。变量的描述性统计及相关关系如表 8-2 所示。

表 8-2 变量描述性统计及相关关系

变量	1	2	3	4	5	6
1. 企业年龄	1					
2. 企业规模	0.363***	1				
3. 利用性模块整合	0.021	−0.041	1			
4. 探索性模块整合	0.046	−0.042	0.795***	1		
5. 物联网商业模式	0.055	−0.091	0.705***	0.667***	1	
6. 网络嵌入	0.076	0.050	0.645***	0.634***	0.526***	1
Mean	17.007	4.718	4.917	5.035	5.133	5.200
S.D.	11.668	1.914	0.993	0.978	0.974	1.014

注：*** $p < 0.001$。

为了检查价值模块整合双元性对物联网商业模式的影响，本章研究建立了 3 个回归模型（如表 8-3 所示）：模型 1 用于检查企业年龄、企业规模等控制变量对物联网商业模式的影响，模型 2、模型 3 分别检查价值模块整合双元性的平衡维、组合维对物联网商业模式的影响。如表 8-3 所示的研究结果显示：在模型 2 中，价值模块整合双元性的平衡维对物联网商业模式具有显著的正向影响（$\Delta R^2 = 2\%$，$\beta = 0.144$，$p < 0.1$），但模型拟合情况不好（F 统计值不显著），因此，假设 H1 不成立；在模型 3 中，模型拟合情况良好（F 值显著），且价值模块整合双元性的组合维对物联网商业模式具有显著的正向影响（$\Delta R^2 = 51.4\%$，$\beta = 0.719$，$p < 0.001$），因此，假设 H2 得到证实。

表 8 – 3　　　　　　价值模块整合双元性对物联网商业模式的影响

自变量	因变量		
	物联网商业模式		
	模型 1	模型 2	模型 3
企业年龄	0.101	0.126	0.059
企业规模	−0.128	−0.117	−0.081
双元性的平衡维		0.144 +	
双元性的组合维			0.719 ***
F 统计值	1.215	1.774	52.120 ***
R²	0.017	0.037	0.531
调整后 R²	0.003	0.016	0.521

注：+ $p < 0.1$，*** $p < 0.001$。

为了检查网络嵌入的调节作用，本章研究建立了 4 个回归模型（如表 8 – 4 所示）：模型 4、模型 6 分别在模型 2、模型 3 的基础上加入网络嵌入，检查网络嵌入对物联网商业模式的影响；模型 5、模型 7 分别在模型 4、模型 6 的基础上加入"网络嵌入 × 平衡维""网络嵌入 × 组合维"这两个调节项，分别检查网络嵌入对于价值模块整合双元性平衡维、组合维与物联网商业模式关系的调节作用。如表 8 – 4 所示的研究结果显示：在模型 5 中，"网络嵌入 × 平衡维"调节项对物联网商业模式具有显著的正向影响（$\Delta R^2 = 1.9\%$，$\beta = 0.240$，$p < 0.05$），意味着网络嵌入强化了价值模块整合双元性平衡维对物联网商业模式的影响，因此，假设 H3a 得到证实；而在模型 7 中，"网络嵌入 × 组合维"调节项对物联网商业模式的影响不显著（$p > 0.1$），意味着网络嵌入未能强化价值模块整合双元性组合维对物联网商业模式的影响，因此，假设 H3b 不成立。

表 8 - 4   网络嵌入的调节作用

自变量	因变量			
	物联网商业模式			
	模型 4	模型 5	模型 6	模型 7
企业年龄	0.095	0.095	0.057	0.059
企业规模	-0.129^+	-0.140^+	-0.086	-0.093
网络嵌入	0.538^{***}	0.721^{***}	0.075	0.068
双元性的平衡维	0.176^*	0.119		
双元性的组合维			0.668^{***}	0.664^{***}
网络嵌入 × 平衡维		0.240^*		
网络嵌入 × 组合维				-0.026
F 统计值	16.398^{***}	14.216^{***}	39.287^{***}	31.267^{***}
R^2	0.324	0.343	0.534	0.535
调整后 R^2	0.304	0.319	0.521	0.518

注：$^+ p < 0.1$，$^* p < 0.05$，$^{***} p < 0.001$。

8.4 价值模块整合双元性的研究结果

围绕着价值模块整合双元性对物联网商业模式的影响，本章在理论研究与实证分析的基础上主要取得了以下研究结论：第一，企业在构建物联网商业模式时需要同时进行利用性价值模块整合和探索性价值模块整合两类活动；第二，价值模块整合双元性的组合维（利用性价值模块整合和探索性价值模块整合之间的交互或结合）对物联网商业模式具有显著的正向影响；第三，网络嵌入强化了价值模块整合双元性的平衡维（利用性价值模块整合和探索性价值模块整合之间的平衡或匹配）对物联网商业模式的影响。

本章未有证实假设"价值模块整合双元性的平衡维对物联网商业模式具有显著的正向影响"。可能的原因在于，尽管物联网商业模式构建需要企业同时进行利用性价值模块整合和探索性价值模块整合活动，然而企业物联网商业模式会在强调应用物联网技术提升现有和引入新的流程、产品或服务方面有所侧重，这就促使企业在利用和整合现有的价值模块（利用性价值模块整合）、开发和整合新的价值模块（探索性价值模块整合）方面有所侧重，从而使得利用性价值模块整合和探索性价值模块整合之间的平衡变得不十分必要。本章也未证实假设"网络嵌入强化了价值模块整合双元性的组合维对物联网商业模式的影响"。价值模块整合双元性的组合维对物联网商业模式产生影响的机理在于利用性价值模块整合和探索性价值模块整合能为对方提供所需的知识、技能和资源。网络嵌入有助于企业从外部获取这些知识、技能和资源，从而理应强化价值模块整合双元性的组合维对物联网商业模式的影响。但企业由于可能在利用性价值模块整合和探索性价值模块整合之间有所侧重，而不需要它们过多为对方提供所需的知识、技能和资源，相应地，网络嵌入的强化作用难以显现。

本章研究具有三个方面的理论贡献。首先，本章研究识别了物联网商业模式的影响因素。物联网商业模式研究已经引起学者们的极大关注。然而，相关文献主要聚焦探讨物联网商业模式的维度、构成要素与类型（Bucherer & Ucklemann，2011；Kamoun，2008；胡保亮，2015b），广泛忽略了物联网商业模式的影响因素。本章发现价值模块整合双元性的组合维对物联网商业模式具有显著的正向影响，识别出了物联网商业模式的影响因素。其次，本章研究深化了价值模块整合对商业模式影响的研究。以往文献指出价值模块整合对商业模式具有重要影响（Sosna，Trevinyo-Rodríguez & Velamuri，2010；Teece，2010），然而，尚未打开价值模块整合的结构，也未揭示不同类型价值模块整合在对商业模式影响过程中的关系。本章运用双元性理论识别了两类既冲突又互补的价值模块整合——利用性价值模块整合与探索性价值模块整合，在此基础上发现它们的交互或结合对物联网商业模式具有显著的正向影响。最后，本章研究丰富了组织双元性研究。以往文献主要探讨了组织设计、战略管理、组织学习、技术创新等领域中的组织双元性问题（Raisch & Birkinshaw，2008），较少涉及商业模式领域中的组织双元性问题。本章将双元性概念和构造引入商业模式领域，发现物联网商业模式构建中存在着双元性问题，即价值模块整合双元性。

本章研究具有三个方面的管理启示。首先，在构建物联网商业模式的过程中，企业应该同时进行利用性价值模块整合和探索性价值模块整合。企业可以通过空间或结构分离、加强管理人员协作、帮助员工开发处理冲突的技能等手段，一方面充分利用和整合现有价值模块，另一方面充分开发和整合新的价值模块，从而充分发挥和获取物联网技术在提升现有和引入新的流程、产品或服务方面的价值。其次，在构建物联网商业模式的过程中，企业应该充分发挥利用性价值模块整合和探索性价值模块整合的组合效应。对于企业来说，应该根据自身物联网商业模式的重点和特色深入进行利用性价值模块整合和探索性价值模块整合，进而追求二者的联合以及二者之间绝对大小程度的最大化。最后，在构建物联网商业模式的过程中，企业应该发挥网络嵌入对于价值模块整合双元性的平衡维与物联网商业模式关系的调节作用。从长远来看，企业应该积极与业务伙伴、物联网技术供应商等主体建立信任关系，推进与它们的信息共享和共同解决问题，以及优化在由这些主体构成的网络中的位置，进而从它们处获取必要的知识、技能和资源，从而协同和均衡推进利用性价值模块整合和探索性价值模块整合，进而同时获取物联网技术在提升现有和引入新的流程、产品或服务方面的价值，最终同时提升企业当前和未来的竞争力。

第 9 章　顾客集成视角下物联网商业模式对企业绩效的影响

9.1 物联网商业模式对企业绩效影响的研究假设

9.1.1 物联网商业模式对企业绩效的影响

物联网的基本思想是任何物品都能连入到互联网。物联网具有巨大的潜在价值。弗莱施（2010）指出对于企业用户而言，物联网可以被作为工具去自动化简单的工作，如更新存货记录、触发补货流程、发送报警信号等；它也可被用于变革业务流程、产品或服务，后者如能够记录习惯的智能牙刷。米阮迪、西卡里、佩莱格里尼和克朗迈（2012）指出企业用户应用物联网不仅能够提升在现有市场中的竞争力，也能创造新的商业机会，例如，开发新的产品（如智能冰箱）进入新的市场。比舍雷和阿克曼（2011）指出物联网具有高水平的可视和控制机能，不仅优化了企业用户的产品流、信息流和收入流，而且作为一种方法能够协同这些不同的流程。艾迪卓瑞、依亚和莫拉比托（Atzori, Iera & Morabito, 2010）指出企业用户引入物联网后最显著的结果是自动化以及制造、物流、业务、流程等领域中的可感知性。

具体到物联网商业模式及其维度，本书第 5 章发现物联网商业模式包括四个维度——基于感知的效率、基于感知的新颖、基于智能的效率、基于智能的新颖，其中：基于感知的效率是指企业通过借助物联网技术自动识别和获取信息从而提升现有流程、产品或服务；基于感知的新颖是指企业通过借助物联网技术自动识别和获取信息从而引入新的流程、产品或服务；基于智能的效率是指企业通过借助物联网技术自动分析和运用信息从而提升现有流程、产品或服务；基于智能的新颖是指企业通过借助物联网技术自动分析和运用信息从而引入新的流程、产品或服务。进一步地，由物联网商业模式各个维度的含义，不难看出它们对企业绩效具有显著的直接影响。据此，本章提出如下研究假设：

假设 H1：物联网商业模式（H1a 基于感知的效率、H1b 基于感知的新颖、H1c 基于智能的效率、H1d 基于智能的新颖）对企业绩效具有显著的直接影响。

9.1.2 物联网商业模式对顾客集成的影响

顾客集成是指供应商的产品和流程与顾客的业务之间的互动和协作（Wisner，Tan & Leong，2008），旨在实现产品、服务、信息、资金和决策的有效流动，从而以较低的成本和较快的速度为顾客提供最大化的价值（Frohlich & Westbrook，2001；Naylor，Naim & Berry，1999）。物联网商业模式对顾客集成的影响主要体现在以下三个方面：

第一，物联网商业模式有助于构建企业与顾客之间的信任关系。先前的研究指出组织间信息技术是组织间关系的重要构成（Barki & Pinsonneault，2005）。物联网技术是组织间信息技术（Atzori，Iera & Morabito，2010）。为了确保物联网商业模式的有效性，企业与顾客需要构建信任关系去促进信息和技术的共享（Gulati，Nitin & Akbar，2000）。此外，从物联网商业模式的具体维度来看，两个效率维度因提升了企业的现有流程、产品或服务而使企业更快速和更低成本地满足顾客需要，从而赢得顾客对企业能力方面的信心；两个新颖维度因需要企业引入新的流程、产品或服务而导致企业与顾客之间的密集和丰富交互（Frohlich & Westbrook，2001），从而提升顾客对企业的信任和承诺。

第二，物联网商业模式有助于企业与顾客之间的信息集成。商业模式使物联网技术沿着供应链管理信息流动和作为组织间沟通与协作支持手段的潜能变成了现实（Bucherer & Uckelmann，2011），从而能够集成和协调企业与顾客之间的信息流，相应地成为顾客集成的关键使能者。此外，物联网商业模式的运行导致企业内部信息集成（Bucherer & Uckelmann，2011）。而内部信息集成有助于外部信息集成（与供应商信息集成和与顾客信息集成）（Braunscheidel & Suresh，2009），因为吸收外部信息是组织内部现有信息的功能（Cohen & Levinthal，1990）。另外一些学者也支持这一观点，他们发现企业在进行有意义的供应商集成和顾客集成之前必须先进行内部信息集成（Zhao，Huo，Selend & Yeung，2011）。

第三，物联网商业模式有助于企业与顾客之间的流程集成。由前文物联网商业模式各个维度的内涵可知，利用物联网技术提升现有流程或引入新的流程是物联网商业模式的重要内容。这些流程的重要构成就是企业与顾客之间的流程，如产品分销、使用、维护以及顾客服务等。在物联网商业模式运行中，借助物联网技术获取到的实时和精确信息，企业能够更好地规划、集成和管理这些企业与顾客之间的流程（Whitaker，Mithas & Krishnan，2007），也能使这些流程更加顺畅和可靠（Tajima，2007）。此外，物联网技术提升了这些流程的可视性（Tajima，2007），而流程可视有助于促进这些流程的协调和融合（Bardhan，Mithas & Lin，2007）。最后，业务流程再造理论和供应链集成理论都认为信息基础设施是流程集成的基础（Davenport，1993；李薇，2011）。显然物联网技术属于信息基础设施。

汇总以上观点，本章提出如下研究假设：

假设 H2：物联网商业模式（H2a 基于感知的效率、H2b 基于感知的新颖、H2c 基于智能的效率、H2d 基于智能的新颖）对顾客集成具有显著的正向影响。

9.1.3　顾客集成对企业绩效的影响

顾客集成与企业绩效的相关关系可以从多种理论视角去解释。从资源观的角度来看，顾客集成可以促进企业获取和利用互补的资源和能力

（Kim，2009）。此外，因集成而产生于联合解决问题中的知识是隐性、难以编码化的，因而是难以模仿的，从而有助形成竞争优势（Danese，Romano & Formentini，2013）。从交易成本角度来看，顾客集成可以被视作一种治理机制，从而降低交易风险和交易成本（Li & Lin，2006）。与此同时，顾客集成促进了熟悉和信任，因而减少了机会主义，这进一步降低了交易成本（Danese，Romano & Formentini，2013）。从信息处理角度来看，顾客集成提升了需求信息的准确性（许德惠，李刚，孙林岩和赵丽，2012），进而使企业能够更加灵敏地满足顾客需要（Flynn，Huo & Zhao，2010）。从技术创新角度来看，顾客集成能够促使企业获取来自顾客的创新思想（Thomke & von Hippel，2002），当顾客参与新产品开发时，还能减少新产品开发中的错误和获得更好的产品质量（Frohlich & Westbrook，2001）。因此，本章提出如下研究假设：

假设 H3：顾客集成对企业绩效具有显著的正向影响。

9.1.4　顾客集成的中介作用

综合前文物联网商业模式与顾客集成的关系、顾客集成与企业绩效的关系，可以看出顾客集成在物联网商业模式对企业绩效的影响中起中介作用。因此，提出如下研究假设：

假设 H4：物联网商业模式（H4a 基于感知的效率、H4b 基于感知的新颖、H4c 基于智能的效率、H4d 基于智能的新颖）通过顾客集成对企业绩效具有显著的间接影响。

汇总本章研究假设，构建如图 9 - 1 所示的顾客集成视角下物联网商业模式对企业绩效影响研究模型。

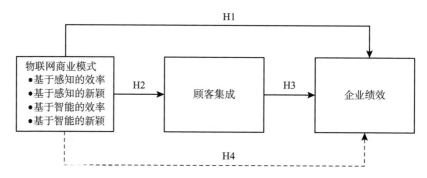

图 9 – 1 顾客集成视角下物联网商业模式对企业绩效影响研究模型

注：实箭线表示直接影响；虚箭线表示间接影响。

9.2 物联网商业模式对企业绩效影响的假设检验

9.2.1 数据收集与变量测量

基于 142 份有效问卷数据（即本书第 3.1 节中的大样本数据）进行假设检验。变量（控制变量除外）测量采用 Likert 七级量表形式。为了确保测量工具的信度与效度，本章尽可能地采用先前文献中的成熟题项。基于学者们先前的工作（Flynn, Huo & Zhao, 2010；Kim, 2009），本章使用 2 个题项测量顾客集成，如表 9 – 1 所示。基于以往研究（Cao, Gedajlovic & Zhang, 2009；Flynn, Huo & Zhao, 2010；Kim, 2009；Molina-Castillo, Jimenez-Jimenez & Munuera-Aleman, 2011；Seggie, Kim & Cavusgil, 2006），本章使用 6 个指标测量企业绩效，如表 9 – 1 所示。基于第 5 章的研究，使用 12 个题项测量物联网商业模式。此外，选取企业规模、企业年龄作为控制变量：前者以销售收入来测量，后者用企业成立所在年份与问卷调查所在年份之间的年数来表征。

表 9 – 1 顾客集成与企业绩效的信度和效度分析结果

变量	测量题项	Cronbach's alpha	载荷
顾客集成	主要顾客向我们分享市场信息的程度	0.837	0.927
	我们向主要顾客分享生产信息的程度		0.927
企业绩效	我们的销售增长表现好于主要的竞争对手	0.896	0.796
	我们的市场份额表现好于主要的竞争对手		0.801
	我们的市场开发表现好于主要的竞争对手		0.853
	我们的成本降低表现好于主要的竞争对手		0.743
	我们的利润增长表现好于主要的竞争对手		0.850
	我们的投资回报表现好于主要的竞争对手		0.826

9.2.2 信度与效度分析

物联网商业模式测量的信度和效度分析已在本书第 7 章进行且符合要求，此处不再赘述。顾客集成与企业绩效的信度与效度分析结果如表 9 – 1 所示，它们的 Cronbach's alpha 都大于 0.7，它们的题项载荷系数都大于 0.5，表明对它们的测量符合信度和效度要求。

9.2.3 实证分析与假设检验

层次回归方法能用于检验变量间的直接与间接关系。具体来说，在信度和效度分析的基础上，按照以往学者提出的步骤（Baron & Kenny，1986），本章应用层次回归方法分别依次检验物联网商业模式与企业绩效、物联网商业模式与顾客集成以及顾客集成与企业绩效是否显著相关；在这些关系都显著的基础上，在物联网商业模式对企业绩效的回归模型中加入顾客集成这个中介变量，如果物联网商业模式对企业绩效的回归系数下降且依旧显著，表明顾客集成起到部分中介作用，这也就意味着物联网商业模式对企业绩效具有直接和间接的影响。从表9-2可以看出，物联网商业模式各个维度、顾客集成、企业绩效之间存在着显著的相关关系，这些相关关系为本章研究的假设预期提供了初步证据。

表9-2　　　　　　　　　　　各变量描述性统计及相关关系

变量	1	2	3	4	5	6	7	8
1. 企业年龄	1							
2. 企业规模	0.363 ***	1						
3. 基于感知的效率	0.107	-0.041	1					
4. 基于感知的新颖	0.055	-0.080	0.697 ***	1				
5. 基于智能的效率	0.073	-0.052	0.698 ***	0.759 ***	1			
6. 基于智能的新颖	-0.047	-0.152	0.555 ***	0.753 ***	0.767 ***	1		
7. 顾客集成	0.132	0.061	0.401 ***	0.444 ***	0.323 ***	0.316 ***	1	
8. 企业绩效	0.132	0.151 +	0.283 **	0.310 ***	0.291 ***	0.319 ***	0.428 ***	1
Mean	17.007	4.718	5.110	5.061	5.162	5.197	5.130	4.818
S. D.	11.668	1.914	1.162	1.087	1.101	1.070	1.076	1.072

注：$^+ p < 0.1$；　$** p < 0.01$；　$*** p < 0.001$；$N = 142$。

在检查物联网商业模式对企业绩效的直接与间接影响之前，需要对物联网商业模式与企业绩效的关系、物联网商业模式与顾客集成的关系以及顾客集成与企业绩效的关系进行检查。为检查物联网商业模式与企业绩效之间的关系，本章建立了5个回归模型。模型1检查控制变量与企业绩效的关系，模型2至模型5检查物联网商业模式各个维度与企业绩效的关系，如表9-3所示。从表9-3可以看出，模型2至模型5的结果显示物联网商业模式的各个维度，即基于感知的效率（$\Delta R^2 = 7.9\%$，$\beta = 0.284$，$p < 0.01$）、基于感知的新颖（$\Delta R^2 = 10.0\%$，$\beta = 0.319$，$p < 0.001$）、基于智能的效率（$\Delta R^2 = 8.6\%$，$\beta = 0.294$，$p < 0.001$）、基于智能的新颖（$\Delta R^2 = 11.9\%$，$\beta = 0.349$，$p < 0.001$），分别对企业绩效具有显著的正向影响。

表 9 - 3　　　　　　　　物联网商业模式与企业绩效关系的回归结果

自变量	因变量				
	企业绩效				
	模型 1	模型 2	模型 3	模型 4	模型 5
企业年龄	0.089	0.049	0.058	0.057	0.085
企业规模	0.118	0.145 +	0.155 +	0.145 +	0.172 *
基于感知的效率		0.284 **			
基于感知的新颖			0.319 ***		
基于智能的效率				0.294 ***	
基于智能的新颖					0.349 ***
R^2	0.029	0.109	0.130	0.115	0.148
调整后 R^2	0.016	0.089	0.111	0.096	0.130
R^2 变化		0.079 **	0.100 ***	0.086 ***	0.119 ***
F 统计值	2.111	5.613 **	6.865 ***	5.984 **	8.014 ***

注:$^+ p < 0.1$;$* p < 0.05$;$** p < 0.01$;$*** p < 0.001$;$N = 142$。

为检查物联网商业模式与顾客集成的关系,本章建立了 5 个回归模型。模型 6 检查控制变量与顾客集成的关系,模型 7 至模型 10 检查物联网商业模式各个维度与顾客集成的关系,如表 9 - 4 所示。如表 9 - 4 所示,模型 7 至模型 10 的结果显示基于感知的效率($\Delta R^2 = 15.4\%$,$\beta = 0.396$,$p < 0.001$)、基于感知的新颖($\Delta R^2 = 19.5\%$,$\beta = 0.445$,$p < 0.001$)、基于智能的效率($\Delta R^2 = 10.0\%$,$\beta = 0.319$,$p < 0.001$)、基于智能的新颖($\Delta R^2 = 10.8\%$,$\beta = 0.332$,$p < 0.001$)分别对顾客集成具有显著的正向影响,这也意味着假设 H2(H2a、H2b、H2c、H2d)成立。为检查顾客集成与企业绩效的关系,本章建立了 1 个回归模型,即模型 11,如表 9 - 4 所示。如表 9 - 4 所示,模型 11 的结果显示顾客集成对企业绩效具有显著的正向影响($\Delta R^2 = 17.1\%$,$\beta = 0.417$,$p < 0.001$),意味着假设 H3 成立。

表 9 - 4　　　　　　　　　　物联网商业模式与顾客集成关系以及顾客

集成与企业绩效关系回归结果

自变量	因变量					
	顾客集成					企业绩效
	模型 6	模型 7	模型 8	模型 9	模型 10	模型 11
企业年龄	0.127	0.071	0.084	0.093	0.124	0.036
企业规模	0.015	0.051	0.066	0.044	0.066	0.112
基于感知的效率		0.396 ***				
基于感知的新颖			0.445 ***			
基于智能的效率				0.319 ***		
基于智能的新颖					0.332 ***	
顾客集成						0.417 ***
R^2	0.018	0.172	0.212	0.118	0.125	0.200
调整后 R^2	0.004	0.154	0.195	0.099	0.106	0.183
R^2 变化		0.154 ***	0.195 ***	0.100 ***	0.108 ***	0.171 ***
F 统计值	1.253	9.524 ***	12.407 ***	6.150 **	6.601 ***	11.511 ***

注：** $p < 0.01$；*** $p < 0.001$；$N = 142$。

物联网商业模式与企业绩效关系、物联网商业模式与顾客集成关系以及顾客集成与企业绩效关系的成立，为检查物联网商业模式对企业绩效的直接与间接影响奠定了基础。因此，本章可在模型 2、模型 3、模型 4、模型 5 的基础上，分别加入中介变量顾客集成，构造模型 12、模型 13、模型 14、模型 15，研究物联网商业模式对企业绩效的直接与间接影响，如表 9 - 5 所示。对比模型 12（如表 9 - 5 所示）与模型 2（如表 9 - 3 所示），在加入顾客集成后，模型 12 中的基于感知的效率对企业绩效的回归系数相比模型 2 下降（β由 0.284 降为 0.141）但依然显著（$p < 0.1$），表明顾客集成部分中介基于感知的效率与企业绩效的关系，这也表明基于感知的效率对企业绩效具有直接影响以及通过顾客集成对企业绩效具有间接影响，因此假设 H1a、假设 H4a

成立。同理，分别对比模型 13 与模型 3、模型 14 与模型 4、模型 15 与模型 5，可以看出顾客集成分别在基于感知的新颖、基于智能的效率与基于智能的新颖对企业绩效的影响中起部分中介作用，这就表明基于感知的新颖、基于智能的效率与基于智能的新颖都对企业绩效具有直接影响以及通过顾客集成都对企业绩效具有间接影响，因此假设 H1b、假设 H1c、假设 H1d、假设 H4b、假设 H4c、假设 H4d 成立。

表 9 − 5　　物联网商业模式对企业绩效直接影响和间接影响的回归结果

自变量	因变量			
	企业绩效			
	模型 12	模型 13	模型 14	模型 15
企业年龄	0.023	0.029	0.024	0.043
企业规模	0.126	0.132	0.129	0.150 $^+$
基于感知的效率	0.141 $^+$			
基于感知的新颖		0.167 $^+$		
基于智能的效率			0.180 *	
基于智能的新颖				0.236 **
顾客集成	0.361 ***	0.342 ***	0.359 ***	0.339 ***
R^2	0.217	0.222	0.229	0.249
调整后 R^2	0.194	0.199	0.206	0.227
R^2 变化	0.108 ***	0.092 ***	0.114 ***	0.100 ***
F 统计值	9.475 ***	9.784 ***	10.167 ***	11.340 ***

注：$^+ p < 0.1$；$^* p < 0.05$；$^{**} p < 0.01$；$^{***} p < 0.001$；$N = 142$。

9.3　物联网商业模式对企业绩效影响的研究结果

针对企业用户物联网商业模式的绩效影响，本章进行了理论与实证研究，主要得到了以下研究结论：

（1）两个新颖维度对企业绩效的效应分别大于两个效率维度的效应，两个智能维度对企业绩效的效应分别大于两个感知维度的效应。具体来说：基于感知的新颖的效应（$\beta = 0.319$）大于基于感知的效率的效应（$\beta = 0.284$），基于智能的新颖的效应（$\beta = 0.349$）大于基于智能的效率的效应（$\beta = 0.294$）；基于智能的效率的效应（$\beta = 0.294$）大于基于感知的效率的效应（$\beta = 0.284$），基于智能的新颖的效应（$\beta = 0.349$）大于基于感知的新颖的效应（$\beta = 0.319$）。可能的原因在于应用物联网的智能能力和发挥物联网的创新效应相比其他方式更具复杂性、稀缺性、难以模仿性和难以替代性，在当前物联网技术应用水平不高的情况下更是如此，进而导致它们对企业绩效的影响效应更加明显。

（2）物联网商业模式各个维度不仅对企业绩效具有直接影响，而且通过顾客集成的中介作用对企业绩效具有间接影响。物联网商业模式的价值在于从物联网技术的应用中获取技术对于企业用户产品、服务和流程的提升和创新效应。从这个角度看，物联网商业模式各个维度对企业绩效具有直接影响。同时也应看到，物联网技术是跨组织边界的信息技术，商业模式使得物联网这种组织间信息技术能使企业与顾客之间的关系构建、信息集成和流程集成得以有效实现。相应地，物联网商业模式各个维度还能通过顾客集成间接影响企业绩效。

本章研究理论贡献在于：通过探究物联网商业模式、顾客集成与企业绩效之间的传导机制，揭示了物联网商业模式对企业绩效的直接与间接影响，推进了物联网商业模式的绩效影响机制研究。从影响企业绩效的角度来看，顾客集成被发现是最为重要的供应链集成类型（Stank，Keller，& Closs，2001；Zhao，Huo，Flynn & Yeung，2008）。学者们也指出与顾客集成的企业由于更能应对需求变化和更能降低业务成本而更易获取竞争优势（Dyer，1996；Grant，1996）。物联网技术是组织间信息技术（Atzori，Iera & Morabito，2010），因而具有潜在的能力为企业提供了沿着供应链与顾客进行沟通、协作和集成的手段（Li，Yang，Sun & Sohal，2009）。从这个角度看，物联网商业模式能够通过顾客集成对企业绩效产生间接影响。因此，本章在研究物联网商业模式对企业绩效的影响中，不仅研究了物联网商业模式对企业绩效的直接影响，而且研究了物联网商业模式通过顾客集成中介作用对企业绩效的间接影响。而现有文献对于物联网商业模式作用企业绩效的机制涉及较少。本章一方面发现物联网商业模式各个维度对企业绩效的影响效应具有差异性，另一方面发现物联网商业模式各个维度不仅对企业绩效具有直接影响，而且通过顾客集成对企业绩效具有间接影响。

本章研究具有两个方面的管理启示。首先，对于企业用户来说，为了最大化物联网商业模式对企业绩效的影响效应，从技术能力的角度看，更应培育和应用物联网技术的智能能力；从商业价值的角度看，更应发挥和获取物联网技术的创新效应。其次，对于企业用户来说，需要统筹物联网商业模式对企业绩效的直接效应和间接效应，即一方面需借助物联网商业模式的直接效应提升企业绩效；另一方面需要加强顾客集成从而借助物联网商业模式的间接效应提升企业绩效。

参考文献

[1] Adhiarna, N. , Hwang, Y. M. , Park, M. J. , Rho, J. J. An integrated framework for RFID adoption and diffusion with a stage-scale-scope cubicle model: A case of Indonesia [J]. International Journal of Information Management, 2013, 33 (2): 378 –389.

[2] Atzori, L. , Iera, A. , Morabito, G. The internet of things: A survey [J]. Computer Networks, 2010, 54 (15): 2787 –2805.

[3] Atzori, L. , Iera, A. , Morabito, G. , Nitti, M. The social internet of things (SIoT) – When social networks meet the internet of things: Concept, architecture and network characterization [J]. Computer Networks, 2012, 56 (16): 3594 –3608.

[4] Baden-Fuller, C. , Haefliger, S. Business models and technological innovation [J]. Long Range Planning, 2013, 46 (6): 419 –426.

[5] Baldwin, C. Y. , Clark, K. B. Managing in an age of modularity [J]. Harvard Business review, 1997, 75 (5): 84 –93.

[6] Bardhan, I. , Mithas, S. , Lin, S. Performance impacts of strategy, information technology applications and business process outsourcing in U. S. manufacturing plants [J]. Production and Operations Management, 2007, 16 (6): 747 –762.

［7］ Barki, H., Pinsonneault, A. A model of organizational integration, implementation effort, and performance ［J］. Organization Science, 2005, 16 (2): 165 – 179.

［8］ Baron, R. M., Kenny, D. A. The moderator-mediator variable distinction in social psychological research: Conceptual, strategic, and statistical considerations ［J］. Journal of Personality and Social Psychology, 1986, 51 (6): 1173 – 1182.

［9］ Björkdahl, J. Technology cross-fertilization and the business model: The case of integrating ICTs in mechanical engineering products ［J］. Research Policy, 2009, 38 (9): 1468 – 1477.

［10］ Borgia, E. The internet of things vision: Key features, applications and open issues ［J］. Computer Communications, 2014 (54): 1 – 31.

［11］ Bottani, E., Rizzi, A. Economical assessment of the impact of RFID technology and EPC system on the fast-moving consumer goods supply chain ［J］. International Journal of Production Economics, 2008, 112 (2): 548 – 569.

［12］ Bouncken, R. B., Fredrich, V. Business model innovation in alliances: Successful configurations ［J］. Journal of Business Research, 2016, 69 (9): 3584 – 3590.

［13］ Braunscheidel, M. J., Suresh, N. C. The organizational antecedents of a firm's supply chain agility for risk mitigation and response ［J］. Journal of Operations Management, 2009, 27 (2): 119 – 140.

［14］ Bucherer, E., Uckelmann, D. Business Models for the Internet of Things. In: Uckelmann, D., Harrison, M., Michahelles, F. Architecting the Internet of Things ［M］. Berlin Heidelberg: Springer-Verlag, 2011: 253 – 277.

［15］ Bunduchi, R., Weisshaar, C., Smart, A. U. Mapping the benefits and costs associated with process innovation: The case of RFID adoption ［J］. Technovation, 2011, 31 (9): 505 – 521.

［16］ Buyl, T., Boone, C., Matthyssens, P. The impact of the top management team's knowledge diversity on organizational ambidexterity [J]. International Studies of Management & Organization, 2012, 42 (4): 8 – 26.

[17] Byrd, T. A. , Turner, D. E. Measuring the flexibility of information technology infrastructure: Exploratory analysis of a construct [J]. Journal of Management Information Systems, 2000, 17 (1): 167 – 208.

[18] Cao, H. , Folan, P. , Mascolo, J. , Browne, J. RFID in product lifecycle management: A case in the automotive industry [J]. International Journal of Computer Integrated Manufacturing, 2009, 22 (7): 616 – 637.

[19] Cao, Q. , Gedajlovic, E. , Zhang, H. Unpacking organizational ambidexterity: Dimensions, Contingencies, and Synergistic Effects [J]. Organization Science, 2009, 20 (4): 781 – 796.

[20] Casadesus-Masanell, R. , Ricart, J. E. From strategy to business models and onto tactics [J]. Long Range Planning, 2010, 43 (2/3): 195 – 215.

[21] Chang, S. , Hung, S. , Yen, D. C. , Chen, Y. J. The determinants of RFID adoption in the logistics industry-A supply chain management perspective [J]. Communications of the Association for Information Systems, 2008, 23 (12): 197 – 218.

[22] Chatziantoniou, D. , Pramatari, K. , Sotiropoulos, Y. Supporting real-time supply chain decisions based on RFID data streams [J]. The Journal of Systems and Software, 2011, 84 (4): 700 – 710.

[23] Chen, J. C. , Cheng, C. , Huang, P. B. Supply chain management with lean production and RFID application: A case study [J]. Expert Systems with Applications, 2013, 40 (9): 3389 – 3397.

[24] Chen, P. T. , Cheng, J. Z. Unlocking the promise of mobile value-added services by applying new collaborative business models [J]. Technological Forecasting & Social Change, 2010, 77 (4): 678 – 693.

[25] Chesbrough, H. Business model innovation: It's not just about technol-

ogy anymore [J]. Strategy & Leadership, 2007, 35 (6): 12 – 17.

[26] Chesbrough, H, Rosenbloom, R. S. The role of the business model in capturing value from innovation: Evidence from Xerox corporation's technology spin-off companies [J]. Industrial and Corporate Change, 2002, 11 (3): 529 – 555.

[27] Cheung, B. K. S. , Choy, K. L. , Li, C. L. , Shi, W. , Tang, J. Dynamic routing model and solution methods for fleet management with mobile technologies [J]. International Journal of Production Economics, 2008, 113 (2): 694 – 705.

[28] Chon, A. Y. L. , Chan, F. T. S. Structural equation modeling for multi-stage analysis on Radio Frequency Identification (RFID) diffusion in the health care industry [J]. Expert Systems with Applications, 2012, 39 (10): 8645 – 8654.

[29] Chow, H. K. H. , Choy, K. L. , Lee, W. B. , Lau, K. C. Design of a RFID case-based resource management system for warehouse operations [J]. Expert Systems with Applications, 2006, 30 (4): 561 – 576.

[30] Churchill, G. A paradigm for developing better measures of marketing constructs [J]. Journal of Marketing Research, 1979, 16 (1): 64 – 73.

[31] Cohen, W. , Levinthal, D. A. Absorptive capability: A new perspective on learning and innovation [J]. Administrative Science Quarterly, 1990, 35 (1): 128 – 152.

[32] Coltman, T. , Gadh, R. , Michael, K. RFID and supply chain management: Introduction to the special issue [J]. Journal of Theoretical and Applied Electronic Commerce Research, 2008, 3 (1): 3 – 5.

[33] Condea, C. , Thiesse, F. , Fleisch, E. RFID-enabled shelf replenishment with backroom monitoring in retail stores [J]. Decision Support Systems, 2012, 52 (4): 839 – 849.

[34] Curtin, J., Kauffman, R., Riggins, F. Making the 'most' out of RFID technology: A research agenda for the study of the adoption, usage and impact of RFID [J]. Information Technology and Management, 2007, 8 (2): 87 –110.

[35] Danese, P., Romano, P., Formentini, M. The impact of supply chain integration on responsiveness: The moderating effect of using an international supplier network [J]. Transportation Research Part E: Logistics and Transportation Review, 2013, 49 (1): 125 –140.

[36] Davenport, T. H., 1993. Process innovation [M]. Boston (MA): Harvard Business School Press, 1993.

[37] Davis, F. D., Bagozzi, R. P., Warshaw, P. R. User acceptance of computer technology: a comparison of two theoretical models [J]. Management Science, 1989, 35 (8): 982 –1003.

[38] Dijkman, R. M., Sprenkels, B., Peeters, T., Janssen, A. Business models for the Internet of Things [J]. International Journal of Information Management, 2015, 35 (6): 672 –678.

[39] Dominguez-Pery, C., Ageron, B., Neubert, G. A service science framework to enhance value creation in service innovation projects: An RFID case study [J]. International Journal of Production Economics, 2013, 141 (2): 440 –451.

[40] Dutta, A., Lee, H. L., Whang, S. RFID and operations management: Technology, value, and incentives [J]. Production and Operations Management, 2007, 16 (5): 646 –655.

[41] Dyer, J. H. Specialized supplier networks as a competitive advantage: Evidence from the auto industry [J]. Strategic Management Journal, 1996, 17 (4): 271 –291.

[42] Dyer, J. H., Singh, H. The relational view: Cooperative strategy and sources of interorganizational competitive advantage [J]. The Academy of Manage-

ment Review, 1998, 23 (4): 660 – 679.

[43] Eisenhardt, K. Building theories from case study research [J]. Academy of Management Review, 1989, 14 (4): 532 – 550.

[44] Fisher, J. A. , Monahan, T. Tracking the social dimensions of RFID systems in hospitals [J]. International Journal of Medical Informatics, 2008, 77 (3): 176 – 183.

[45] Fleisch, E. What is the internet of things: An economic perspective [J]. Economics, Management, and Financial Markets, 2010, 5 (2): 125 – 157.

[46] Flynn, B. B. , Huo, B. , Zhao, X. The impact of supply chain integration on performance: A contingency and configuration approach [J]. Journal of Operations Management, 2010, 28 (1): 58 – 71.

[47] Wamba, S. F. , Chatfield, A. T. A contingency model for creating value from RFID supply chain network projects in logistics and manufacturing [J]. European Journal of Information Systems, 2009, 18 (6): 615 – 636.

[48] Frohlich, M. T. , Westbrook, R. Arcs of integration: An international study of supply chain strategies [J]. Journal of Operations Management, 2001, 19 (2): 185 – 200.

[49] Gerbing, D. W. , Anderson, J. C. An updated paradigm for scale development incorporating unidimensionality and its assessment [J]. Journal of Marketing Research, 1988, 25 (2): 186 – 192.

[50] Gibson, C. B. , Birkinshaw, J. The antecedents, consequences, and mediating role of organizational ambidexterity [J]. Academy of Management Journal, 2004, 47 (2): 209 – 226.

[51] Glova, J. , Sabol, T. , Vajda, V. Business model for the internet of things environment [J]. Procedia Economics and Finance, 2014, 15 (6): 1122 – 1129.

[52] George, G. , Bock, A. J. The business model in practice and its implication for entrepreneurship research [J]. Entrepreneurship: Theory & Practice, 2011, 35 (1): 83 – 111.

[53] Granovetter, M. Economic action and social structure: The problem of embeddedness [J]. American Journal of Sociology, 1985, 91 (3): 481 – 510.

[54] Grant, R. M. Prospering in dynamically-competitive environments: Organizational capability as knowledge integration [J]. Organization Science, 1996, 7 (4): 375 – 388.

[55] Gulati, R. Network location and learning: The influence of network resources and firm capabilities on alliance formation [J]. Strategic Management Journal, 1999, 20 (5): 397 – 420.

[56] Gulati, R. , Nitin, N. , Akbar, Z. Strategic networks [J]. Strategic Management Journal, 2000, 21 (3): 203 – 215.

[57] Hamel, G. Leading the revolution [M]. Boston (MA): Harvard Business School Press, 2000.

[58] Heim, G. R. , Wentworth Jr, W. R. , Peng, X. The value to the customer of RFID in service applications [J]. Decision Sciences, 2009, 40 (3): 477 – 512.

[59] Hou, J. , Chen, T. An RFID-based Shopping Service System for retailers [J]. Advanced Engineering Informatics, 2011, 25 (1): 103 – 115.

[60] Hozak, K. , Collier, D. A. RFID as an Enabler of Improved Manufacturing Performance [J]. Decision Sciences, 2008, 39 (4): 859 – 881.

[61] Hsu, C. , Lin, J. An empirical examination of consumer adoption of Internet of Things services: Network externalities and concern for information privacy perspectives [J]. Computers in Human Behavior, 2016, 62 (C): 516 – 527.

[62] Hu Baoliang. Linking business models with technological innovation performance through organizational learning [J] . European Management Journal,

2014, 32 (4): 587 –595.

[63] Hu Baoliang, Chen Wenqing. Business model ambidexterity and technological innovation performance: Evidence from China [J]. Technology Analysis & Strategic Management, 2016, 28 (5): 583 –600.

[64] Huang, G. Q. , Zhang, Y. F. , Jiang, P. Y. RFID-based wireless manufacturing for walking-worker assembly islands with fixed-position layouts [J]. Robotics and Computer-Integrated Manufacturing, 2007, 23 (4): 469 –477.

[65] Jansen, J. J. P. , George, G. , Van den Bosch, F. A. J. , Volberda, H. W. Senior team attributes and organizational ambidexterity: The moderating role of transformational leadership [J]. Journal of Management Studies, 2008, 45 (5): 982 –1007.

[66] Jansen, J. T. P. , Tempelaar, M. P. , van den Bosch, F. A. J. , Volberda, H. W. Structural differentiation and ambidexterity: The mediating role of integration mechanisms [J]. Organization Science, 2009, 20 (4): 797 –811.

[67] Jun, H. B. , Shin, J. H. , Kim, Y. S. , Kiritsis, D. , Xirouchakis, P. A framework for RFID applications in product lifecycle management [J]. International Journal of Computer Integrated Manufacturing, 2009, 22 (7): 595 –615.

[68] Kamoun, F. Rethinking the business model with RFID [J]. Communications of the Association for Information Systems, 2008, 22 (35): 635 –658.

[69] Kim, S. W. An investigation on the direct and indirect effect of supply chain integration on firm performance [J]. International Journal of Production Economics, 2009, 119 (2): 328 –346.

[70] Kiritsis, D. , Bufardi, A. , Xirouchakis, P. Research issues on product lifecycle management and information tracking using smart embedded systems [J]. Advanced Engineering Informatics, 2003, 17 (3 –4): 189 –202.

[71] Kodama, F. Measuring emerging categories of innovation: Modularity and business model [J]. Technological Forecasting & Social Change, 2004, 71

（6）：623 – 633.

［72］ Lee, C. K. H. , Choy, K. L. , Ho, G. T. S. , Law, K. M. Y. A RFID-based Resource Allocation System for garment manufacturing ［J］. Expert Systems with Applications, 2013, 40 （2）: 784 – 799.

［73］ Lee, C. K. M. , Chan, T. M. Development of RFID-based Reverse Logistics System ［J］. Expert Systems with Applications, 2009, 36 （5）: 9299 – 9307.

［74］ Lee, H. Peering through a glass darkly ［J］. International Commerce Review, 2007, 7 （1）: 60 – 78.

［75］ Lee, I. , Lee, K. The Internet of Things （IoT）: Applications, investments, and challenges for enterprises ［J］. Business Horizons, 2015, 58 （4）: 431 – 440.

［76］ Lee, J. H. , Song, J. H. , Oh, K. S. , Gu, N. Information lifecycle management with RFID for material control on construction sites ［J］. Advanced Engineering Informatics, 2013, 27 （1）: 108 – 119.

［77］ Lee, L. S. , Fiedler, K. D. , Smith, J. S. Radio frequency identification （RFID） implementation in the service sector: A customer-facing diffusion model ［J］. International Journal of Production Economics, 2008, 112 （2）: 587 – 600.

［78］ Lee, Y. , Shin, J. , Park, Y. The changing pattern of SME's innovativeness through business model globalization ［J］. Technological Forecasting & Social Change, 2012, 79 （5）: 832 – 842.

［79］ Leimeister, S. , Leimeister, J. M. , Knebel, U. , Kremar, H. A cross-national comparison of perceived strategic importance of RFID for CIOs in Germany and Italy ［J］. International Journal of Information Management, 2009, 29 （1）: 37 – 47.

［80］ Li, G. , Yang, H. , Sun, L. , Sohal, A. S. The impact of IT implementation on supply chain integration and performance [J]. International Journal of Production Economics, 2009, 120 (1): 125 – 138.

[81] Li, S, Lin, B. Accessing information sharing and information quality in supply chain management [J]. Decision Support Systems, 2006, 42 (3): 1641 – 1656.

[82] Lin, J. L., Fang, S. C., Fang, S. R., Tsai, F. S. Network embeddedness and technology transfer performance in R&D consortia in Taiwan [J]. Technovation, 2009, 29 (11): 763 – 774.

[83] Lloréns Montes, F. J., Ruiz Moreno, A., García Morales, V. Influence of support leadership and teamwork cohesion on organizational learning, innovation and performance: An empirical examination [J]. Technovation, 2005, 25 (10): 1159 – 1172.

[84] Marco, A., Cagliano, A. C., Nervo, M. L., Rafele, C. Using System Dynamics to assess the impact of RFID technology on retail operations [J]. International Journal of Production Economics, 2012, 135 (1): 333 – 344.

[85] McEvily, B., Marcus, A. Embedded ties and the acquisition of competitive capabilities [J]. Strategic Management Journal, 2005, 26 (11): 1033 – 1055.

[86] Mintzberg, H. An emerging strategy of "direct" research [J]. Administrative Science Quarterly, 1979, 24 (4): 582 – 589.

[87] Miorandi, D., Sicari, S., De Pellegrini, F., Chlamtac, I. Internet of things: Vision, applications and research challenges [J]. Ad Hoc Networks, 2012, 10 (7): 1497 – 1516.

[88] Molina-Castillo, F., Jimenez-Jimenez, D., Munuera-Aleman, J. Product competence exploitation and exploration strategies: The impact on new product performance through quality and innovativeness [J]. Industrial Marketing Management, 2011, 40 (7): 1172 – 1182.

［89］ Morris, M. , Schindehutte, M. , Allen, J. The entrepreneur's business model: Toward a unified perspective ［J］. Journal of Business Research, 2005, 58 (6): 726 – 735.

［90］ Myoung Ko, J. , Kwak, C. , Cho, Y. , Kim, C. Adaptive product tracking in RFID-enabled large-scale supply chain ［J］. Expert Systems with Applications, 2011, 38 (3): 1583 – 1590.

［91］ Müller-Seitz, G. , Dautzenberg, K. , Creusen, U. , Stromereder, C. Customer acceptance of RFID technology: Evidence from the German electronic retail sector ［J］. Journal of Retailing and Consumer Services, 2009, 16 (16): 31 – 39.

［92］ Nativi, J. J. , Lee, S. Impact of RFID information-sharing strategies on a decentralized supply chain with reverse logistics operations ［J］. International Journal of Production Economics, 2012, 136 (2): 366 – 377.

［93］ Naylor, J. B. , Naim, M. M. , Berry, D. Leagility: Integrating the lean and agile manufacturing paradigms in the total supply chain ［J］. International Journal of Production Economics, 1999, 62 (1/2): 107 – 118.

［94］ Neubert, G. , Dominguez, C. , Ageron, B. Inter-organisational alignment to enhance information technology (IT) driven services innovation in a supply chain: the case of radio frequency identification (RFID) ［J］. International Journal of Computer Integrated Manufacturing, 2011, 24 (11): 1058 – 1073.

［95］ Ngai, E. W. T. , Chau, D. C. K. , Poon, J. K. L. , Chan, Y. M. , Chan, B. C. M. , Wu, W. W. S. Implementing an RFID-based manufacturing process management system: Lessons learned and success factors ［J］. Journal of Engineering & Technology Management, 2012, 29 (1): 112 – 130.

［96］ Ngai, E. W. T. , Cheng, T. C. E. , Au, S. , Lai, K. Mobile commerce integrated with RFID technology in a container depot ［J］. Decision Support Systems, 2007, 43 (1): 62 – 76.

［97］Ngai, E. W. T. , Moon, K. K. L. , Riggins, F. J. , Yi, C. Y. RFID re-
search: An academic literature review (1995 – 2005) and future research directions
［J］. International Journal of Production Economics, 2008a, 112 (2): 510 – 520.

［98］Ngai, E. W. T. , Suk, F. F. C. , Lo, S. Y. Y. Development of an RFID-
based sushi management system: The case of a conveyor-belt sushi restaurant ［J］. In-
ternational Journal of Production Economics, 2008b, 112 (2): 630 – 645.

［99］Osterwalder, A. , Pigneur, Y. Business model generation: A hand-
book for visionaries, game changers, and challengers ［M］. New Jersey: John Wi-
ley & Sons, Inc. , 2010.

［100］Osterwalder, A. , Pigneur, Y. , Tucci, C. L. Clarifying business
models: Origin, present, and future of the concept ［J］. Communication for the
Association for Information Systems, 2005, 15 (May): 1 – 40.

［101］Parlikad, A. K. , McFarlane, D. RFID-based product information in
end-of-life decision making ［J］. Control Engineering Practice, 2007, 15 (11):
1348 – 1363.

［102］Patel, P. C. , Terjesen, S. , Li, D. Enhancing effects of manufac-
turing flexibility through operational absorptive capacity and operational ambidexteri-
ty ［J］. Journal of Operations Management, 2012, 30 (3): 201 – 220.

［103］Piramuthu, S. , Farahani, P. , Grunow, M. RFID-generated tracea-
bility for contaminated product recall in perishable food supply networks ［J］. Euro-
pean Journal of Operational Research, 2013, 225 (2): 253 – 262.

［104］Podsakoff, P. M. , MacKenzie, S. B. , Lee, J. Y. , Podsakoff, N.
P. Common method biases in behavioral research: A critical review of the literature
and recommended remedies ［J］. Journal of Applied Psychology, 2003, 88 (5):
879 – 903.

［105］Poon, T. C. , Choy, K. L. , Chow, H. K. H. , Lau, H. C. W. ,
Chan, F. T. S. , Ho, K. C. A RFID case-based logistics resource management sys-

tem for managing order-picking operations in warehouses [J]. Expert Systems with Applications, 2009, 36 (4): 8277 – 8301.

[106] Raisch, S. , Birkinshaw, J. Organizational ambidexterity: Antecedents, outcomes, and moderators [J]. Journal of Management, 2008, 34 (3): 375 – 409.

[107] Rogers, E. M. Diffusion of innovations [M]. New York: Free Press, 1995.

[108] Sarac, A. , Absi, N. , Dauzère-Pérès, S. A literature review on the impact of RFID technologies on supply chain management [J]. International Journal of Production Economics, 2010, 128 (1): 77 – 95.

[109] Sardroud, J. M. Influence of RFID technology on automated management of construction materials and components [J]. Scientia Iranica, 2012, 19 (3): 381 – 392.

[110] Seggie, S. H. , Kim, D. , Cavusgil, S. T. Do supply chain IT alignment and supply chain interfirm system integration impact upon brand equity and firm performance [J]. Journal of Business Research, 2006, 59 (8): 887 – 895.

[111] Segura Velandia, D. M. , Kaur, N. , Whittow, W. G. , Conway, P. P. , West, A. A. Towards industrial internet of things: Crankshaft monitoring, traceability and tracking using RFID [J]. Robotics and Computer-Integrated Manufacturing, 2016 (41): 66 – 77.

[112] Shin, T. H. , Chin, S. , Yoon, S. W. , Kwon, S. W. A service-oriented integrated information framework for RFID/WSN-based intelligent construction supply chain management [J]. Automation in Construction, 2011, 20 (6): 706 – 715.

[113] Sosna, M. , Trevinyo-Rodríguez, R. N. , Velamuri, S. R. Business model innovation through trial-and-error learning: The naturhouse case [J]. Long Range Planning, 2010, 43 (2/3): 383 – 407.

[114] Stank, T. P. , Keller, S. B. , Closs, D. J. Performance benefits of supply chain integration [J]. Transportation Journal, 2001, 41 (2/3): 31 –46.

[115] Sulaiman, S. , Umar, U. , Tang, S. H. , Fatchurrohman, N. Application of Radio Frequency Identification (RFID) in manufacturing in Malaysia [J]. Procedia Engineering, 2012, 50 (9): 697 –706.

[116] Tajima, M. Strategic value of RFID in supply chain management [J]. Journal of Purchasing & Supply Management, 2007, 13 (4): 261 –273.

[117] Teece, D. J. Business models, business strategy and innovation [J]. Long Range Planning, 2010, 43 (2/3): 172 –194.

[118] Thomke, S. , von Hippel, E. Customers as innovators: A new way to create value [J]. Harvard Business Review, 2002, 80 (4): 74 –81.

[119] Tornatzky, L. , Fleischer, M. The process of technology innovation [M]. New York: Lexington Books, 1990.

[120] Tsai, M. , Lee, W. , Wu, H. Determinants of RFID adoption intention: Evidence from Taiwanese retail chains [J]. Information & Management, 2010, 47 (5/6): 255 –261.

[121] Tu, Q. , Vonderembse, M. A. , Ragu-Nathan, T. S. , Ragu-Nathan, B. Measuring modularity-based manufacturing practices and their impact on mass customization capability: A customer-driven perspective [J]. Decision Sciences, 2004, 35 (2): 147 –168.

[122] Tzeng, S. , Chen, W. , Pai, F. Evaluating the business value of RFID: Evidence from five case studies [J]. International Journal of Production Economics, 2008 (112): 601 –613.

[123] Uhrich, F. , Sandner, U. , Resatsch, F. , Leimeister, J. M. , Krcmar, H. RFID in retailing and customer relationship management [J]. Communications of the Association for Information Systems, 2008, 23 (13): 219 –234.

[124] Ustundag, A. , Tanyas, M. The impacts of Radio Frequency Identifi-

cation (RFID) technology on supply chain costs [J]. Transportation Research Part E, 2009, 45 (1): 29 – 38.

[125] Wang, S., Liu, S., Wang, W. The simulated impact of RFID-enabled supply chain on pull-based inventory replenishment in TFT-LCD industry [J]. International Journal of Production Economics, 2008, 112 (2): 570 – 586.

[126] Wang, Y., Wang, Y., Yang, Y. Understanding the determinants of RFID adoption in the manufacturing industry [J]. Technological Forecasting & Social Change, 2010, 77 (5): 803 – 815.

[127] Wen, W. An intelligent traffic management expert system with RFID technology [J]. Expert Systems with Applications, 2010, 37 (4): 3024 – 3035.

[128] Whitaker, J., Mithas, S., Krishnan, M. S. A field study of RFID deployment and return expectations [J]. Production and Operations Management, 2007, 16 (5): 599 – 612.

[129] Wirtz, B. W., Pistoia, A., Ullrich, S., Göttel, V. Business models: Origin, development and future research perspectives [J]. Long Range Planning, 2015, 49 (1): 36 – 54.

[130] Wisner, J. D., Tan, K. C., Leong, K. Principles of Supply Chain Management: A balanced approach [M]. Mason, OH: South-Western, 2008.

[131] Wong, W. K., Leung, S. Y. S., Guo, Z. X., Zeng, X. H., Mok, P. Y. Intelligent product cross-selling system with radio frequency identification technology for retailing [J]. International Journal of Production Economics, 2012, 135 (1): 308 – 319.

[132] Worren, N., Moore, K., Cardona, P. Modularity, strategic flexibility, and firm performance: A study of the home appliance industry [J]. Strategic Management Journal, 2002, 23 (12): 1123 – 1140.

[133] Wu, N. C., Nystrom, M. A., Lin, T. R., Yu, H. C. Challenges to global RFID adoption [J]. Technovation, 2006 (26): 1317 – 1323.

［134］ Yin, R. K. Case study research: Design and methods ［M］. Thousand Oaks: Sage Publications, 1994.

［135］ Zhao, X., Huo, B., Flynn, B. B., Yeung, J. H. Y. The impact of power and relationship commitment on the integration between manufacturers and customers in a supply chain ［J］. Journal of Operations Management, 2008, 26 (3): 368 –388.

［136］ Zhao, X., Huo, B., Selend, W., Yeung, J. H. Y. The impact of internal integration and relationship commitment on external integration ［J］. Journal of Operations Management, 2011, 29 (1 –2): 17 –32.

［137］ Zhong, R. Y., Dai, Q. Y., Qu, T., Hu, G. J., Huang, G. Q. RFID-enabled real-time manufacturing execution system for mass-customization production ［J］. Robotics and Computer-Integrated Manufacturing, 2013, 29 (2): 283 –292

［138］ Zhou, W., Piramuthu, S. Manufacturing with item-level RFID information: From macro to micro quality control ［J］. International Journal of Production Economics, 2012, 135 (2): 929 –938.

［139］ Zhou, W., Tu, Y., Piramuthu, S. RFID-enabled item-level retail pricing ［J］. Decision Support Systems, 2009, 48 (1): 169 –179.

［140］ Zott, C., Amit, R. The fit between product market strategy and business model: Implications for firm performance ［J］. Strategic Management Journal, 2008, 29 (1): 1 –26.

［141］ Zott, C., Amit, R., Massa, L. The business model: Recent developments and future research ［J］. Journal of Management, 2011, 37 (4): 1019 – 1042.

［142］ 陈晓红, 王傅强. 我国企业射频识别技术采纳的影响因素研究 ［J］. 科研管理, 2013, 34 (2): 1 –9.

［143］ 范鹏飞, 焦裕乘, 黄卫东. 物联网业务形态研究 ［J］. 中国软科

学，2011（5）：57-64.

[144] 范鹏飞，朱蕊，黄卫东．我国物联网商业模式的选择与分析 [J]．通信企业管理，2011（4）：72-75.

[145] 房亚东，曾少华，陈桦，毛晓博．物联网在车间制造执行系统的技术实现 [J]．制造业自动化，2016，38（3）：15-17，32.

[146] 高闯，关鑫．企业商业模式创新的实现方式与演进机理——一种基于价值链创新的理论解释 [J]．中国工业经济，2006（11）：83-90.

[147] 高小梅．基于物联网及 RFID 识别技术的智能药品物流监管系统研究 [J]．物流技术，2014，33（12）：420-422.

[148] 贺超，庄玉良．基于物联网的逆向物流管理信息系统构建 [J]．中国流通经济，2012（6）：30-34.

[149] 胡保亮．商业模式创新、技术创新与企业绩效关系：基于创业板上市企业的实证研究 [J]．科技进步与对策，2012，29（3）：95-100.

[150] 胡保亮．商业模式、创新双元性与企业绩效的关系研究 [J]．科研管理，2015a，36（11）：29-36.

[151] 胡保亮．物联网商业模式的多维构思及其对企业绩效的影响研究 [J]．科技进步与对策，2015b，32（30）：16-22.

[152] 胡保亮，方刚．网络位置、知识搜索与创新绩效的关系研究——基于全球制造网络与本地集群网络集成的观点 [J]．科研管理，2013，34（11）：18-26.

[153] 胡保亮，朱国平．用户企业物联网商业模式维度构思：一个建筑企业的探索性案例研究 [J]．中国科技论坛，2014（4）：155-160.

[154] 卡丽斯·鲍德温，金·克拉克（著），张传良等（译）．设计规则：模块化的力量 [M]．北京：中信出版社，2006.

[155] 雷雅琴，龚曼莉．基于物流、信息流、价值流与资金流等视角的物联网商业模式体系分析 [J]．物流技术，2015，34（7）：70-72.

[156] 李东，王翔，张晓玲，周晨．基于规则的商业模式研究——功

能、结构与构建方法 [J]. 中国工业经济, 2010 (9): 101-111.

[157] 李薇. 协同电子商务、供应链集成能力与企业绩效关系研究 [J]. 软科学, 2011, 25 (6): 103-107.

[158] 刘冰, 黄以卫. 基于价值网的物联网产业商业模式研究 [J]. 电信科学, 2011 (8): 108-111.

[159] 刘影, 范鹏飞. 基于 UTAUT 理论的物联网应用用户接受实证研究 [J]. 南京邮电大学学报 (社会科学版), 2016, 18 (1): 39-48, 82.

[160] 路红艳. 物联网在流通领域应用的商业模式研究 [J]. 北京工商大学学报 (社会科学版), 2012, 27 (3): 42-47.

[161] 欧阳桃花, 武光. 基于朗坤与联创案例的中国农业物联网企业商业模式研究 [J]. 管理学报, 2013, 10 (3): 336-346.

[162] 彭红霞, 徐贤浩, 张予川. 基于 TOE 框架的企业采纳 RFID 决定性因素研究 [J]. 技术经济与管理研究, 2013 (11): 3-7.

[163] 青木昌彦, 安藤晴彦 (编著), 周国荣 (译). 模块时代: 新产业结构的本质 [M]. 上海: 上海远东出版社, 2003.

[164] 宋宫玺, 袁逸萍, 李晓娟. 基于物联网的生产车间数据采集系统研究 [J]. 装备制造技术, 2014 (12): 14-16.

[165] 苏婉, 毕新华, 王磊. 基于 UTAUT 理论的物联网用户接受模型研究 [J]. 情报科学, 2013, 31 (5): 128-132.

[166] 孙其博, 刘杰, 黎羴, 范春晓, 孙娟娟. 物联网: 概念、架构与关键技术研究综述 [J]. 北京邮电大学学报, 2010, 33 (3): 1-9.

[167] 陶冶. 物联网产业商业模式的探索与创新 [J]. 南京理工大学学报 (社会科学版), 2010, 23 (4): 15-18.

[168] 王惠芬, 赖旭辉, 郑江波. 产业融合机制下商业模式发展的新趋势分析 [J]. 科技管理研究, 2010 (14): 129, 137-139.

[169] 王凯, 范鹏飞, 黄卫东. 产业链视域下电信运营商发展物联网的商业模式研究 [J]. 重庆邮电大学学报 (社会科学版), 2013, 25 (1):

96 - 101.

[170] 王翔，李东，张晓玲．商业模式是企业间绩效差异的驱动因素吗？——基于中国有色金属上市公司的 ANOVA 分析 [J]．南京社会科学，2010（5）：20 - 26.

[171] 王翔，李东，张晓玲．新技术市场化商业模式设计——基于结构与情景视角 [J]．科技进步与对策，2013，30（15）：1 - 8.

[172] 吴标兵．物联网用户接受度实证研究 [J]．武汉理工大学学报（社会科学版），2012，25（3）：329 - 333.

[173] 吴亮，邵培基，盛旭东，叶全福．基于改进型技术接受模型的物联网服务采纳实证研究 [J]．管理评论，2012，24（3）：67 - 74，131.

[174] 吴义杰，张仲金，许盛，吴玮．中国物联网产业化商业模式与路径选择 [J]．现代管理科学，2014（1）：57 - 59.

[175] 肖亮．基于物联网技术的物流园区供应链集成管理平台构建 [J]．电信科学，2011（4）：54 - 60.

[176] 许德惠，李刚，孙林岩，赵丽．环境不确定性、供应链整合与企业绩效关系的实证研究 [J]．科研管理，2012，33（12）：40 - 49.

[177] 颜波，向伟，石平．农产品供应链中物联网技术采纳的影响因素分析 [J]．软科学，2013，27（3）：22 - 26.

[178] 岳中刚．基于模块化结构的物联网产业价值创新：机理与策略 [J]．北京工商大学学报（社会科学版），2014，29（1）：39 - 43.

[179] 岳中刚，吴昌耀．物联网产业链构建与商业模式创新 [J]．南京邮电大学学报（社会科学版），2013，15（4）：1 - 7.

[180] 张方华．网络嵌入影响企业创新绩效的概念模型与实证分析 [J]．中国工业经济，2010（4）：110 - 119.

[181] 张玉利，田新，王晓文．有限资源的创造性利用——基于冗余资源的商业模式创新：以麦乐送为例 [J]．经济管理，2009（3）：119 - 125.

[182] 张云霞．物联网商业模式探讨 [J]．电信科学，2010（4）：6 - 11.

[183] 赵道致，杜其光，徐春明. 物联网平台上两制造商间的制造能力共享策略 [J]. 天津大学学报（社会科学版），2015，17（2）：97 – 102.

[184] 郑淑蓉，吕庆华. 物联网产业商业模式的本质与分析框架 [J]. 商业经济与管理，2012（12）：5 – 15.

[185] 钟小勇，朱海平，万云龙，余钱红. 基于物联网的制造资源位置服务系统 [J]. 华中科技大学学报（自然科学版），2012，40（S）：284 – 287.

[186] 朱瑞博. 价值模块整合与产业融合 [J]. 中国工业经济，2003（8）：24 – 31.